高等职业教育茶叶生产与加工技术专业教材

U0163274

# 黔茶加工综合实训

王俊青　主编

中国轻工业出版社

## 图书在版编目（CIP）数据

黔茶加工综合实训 / 王俊青主编. — 北京：中国
轻工业出版社，2021.4
ISBN 978-7-5184-2803-8

Ⅰ . ①黔… Ⅱ . ①王… Ⅲ . ①茶叶 – 加工 – 贵州 –
教材 Ⅳ . ① TS272

中国版本图书馆 CIP 数据核字（2021）第 039675 号

责任编辑：贾　磊　　责任终审：张乃东　　整体设计：锋尚设计
责任校对：吴大鹏　　责任监印：张　可

出版发行：中国轻工业出版社（北京东长安街6号，邮编：100740）
印　　刷：艺堂印刷（天津）有限公司
经　　销：各地新华书店
版　　次：2021年4月第1版第1次印刷
开　　本：720×1000　1/16　印张：10.5
字　　数：230千字
书　　号：ISBN 978-7-5184-2803-8　定价：45.00元
邮购电话：010-65241695
发行电话：010-85119835　传真：85113293
网　　址：http://www.chlip.com.cn
Email：club@chlip.com.cn
如发现图书残缺请与我社邮购联系调换
180448J2X101ZBW

# 前　言

　　《黔茶加工综合实训》教材是配合"黔茶加工技术"课程及茶叶加工工培训课程等的发展需求，根据高等职业院校茶叶生产与加工技术等专业的教学要求编写的配套教材，也可以独立使用。本教材注重应用技能的学习，内容非常全面，紧贴具体茶叶生产加工实际，适用于三年制高等职业院校茶叶生产与加工技术专业学生、茶叶生产者、茶学相关专业学生等学习和使用。

　　本教材共有十个项目，具体内容包括茶鲜叶处理、茶叶加工基本技能、绿茶加工、白茶加工、青茶加工、黄茶加工、黑茶加工、红茶加工、再加工茶加工、精制茶加工。每个项目由多个实训组成，如卷曲形绿茶加工、扁形绿茶加工、圆（珠）形绿茶加工等。每个实训的内容包括实训目的、相关知识、实训准备、实训步骤、注意事项、结果与讨论、思考题。整个实训内容设计结合贵州茶叶生产的实际情况，以绿茶加工生产为主线，其他茶类加工为辅助，以便全面开展技能实训。此外，编写人员均有丰富的教学和企业实践经验，有效优化了该课程的内容设计。

　　本教材由安顺职业技术学院王俊青任主编。具体编写分工如下：项目一至项目三、项目九、项目十由王俊青编写；项目四、项目五由安顺职业技术学院张钺编写；项目六至项目八由安顺职业技术学院袁文编写。全书由王俊青统稿。

　　本教材的编写还得到了贵州省茶叶协会、贵州省相关茶叶企业的大力支持，在此深表谢意。

　　由于编者水平所限，在取材、实训方法等方面可能会存在不足，恳请读者批评指正。

王俊青

2021年1月

# 目 录

## 实训一　茶鲜叶采摘技术

### (一)实训目的

通过手工采摘茶树鲜叶操作,了解茶鲜叶采摘的技术原理,熟悉不同茶类、不同等级的茶鲜叶标准,掌握基本的茶鲜叶手工采摘方法。

### (二)相关知识

(1)适时采摘　茶树具有采收期长,年年、季季多批采摘的特点,因此每批、每季都必须环环扣紧,适时地采下符合制茶品质特色要求的幼嫩芽叶。若一批、一季不注意都将会产生连锁反应,从而影响当年和以后的产量品质。在贵州多数茶区,一年的采收期有5~6个月;西部高山茶区采茶时间一年仅为4个月左右,及时掌握好采茶时机十分重要。

掌握好季节,首先是要把握好春茶开采期,当茶树上有10%~15%的新梢达到一芽二三叶时就应开采,此时正是加工早春优质茶的大好时机,必须严格按标准精细采摘。当新梢伸长至旺盛时期(即高峰期),应及时组织好足够的劳力,把采摘面上的嫩梢尽量按标准采净。若延迟时间则新梢老化,不仅影响当季茶叶品质,还会抑制下轮茶的萌发和生长,产量也上不去。

贵州省夏季气温高,雨水充足,有利于茶树的光合作用和新梢萌发生长,是夺取全年高产的重要季节,产量可达全年的40%~50%、产值达全年的30%~40%,不可忽视。尤其在高寒茶区,夏茶往往是构成全年茶叶产量的主体,更不能只抓春茶而忽视夏茶。

秋季常受伏旱困扰,影响秋茶产量和品质,有时甚至无收,但在雨水较好的年份或有水灌溉的茶区,秋茶仍可获得优质高产,应尽力争取。

（2）严格掌握好采摘标准　采摘标准因制茶种类不同而有很大差别，同一类茶因品质等级不同，标准差别也很悬殊。贵州省主要生产名优绿茶和内销炒青绿茶，其采摘标准多为一芽二三叶及同等嫩度的对夹叶。随着人们生活水平的提高，近年来对高档名优茶的需求日益增长，而各种名优茶均要求采摘一芽一叶初展的幼嫩芽叶或一芽二叶初展芽叶，因为只有极幼嫩的芽叶才能加工成美观、精致、内含物丰富的特殊产品。

坚持采摘标准，还要注意不采未达到标准的小芽叶和已成熟的对夹叶。据贵州省茶叶科学研究所研究，茶树中小叶品种，一芽一叶嫩梢平均质量只有0.1g左右，一芽二叶为0.3g，一芽三叶则可达0.5～0.6g。因此，制大宗茶应以一芽三叶为主体、制名优绿茶以一芽二叶为主体才能确保优质高产。采对夹叶应在细嫩时及时采摘，可解除抑制，促进下轮茶的萌发，同时对品质的不利影响也较小。如果叶片已老化，休止芽已萌动就不能再采了。采老熟对夹叶，一是严重降低茶叶品质，二是减少了树冠上的光合面积和可发芽叶，影响和干扰次轮茶的生长，对增产不利。

在采摘幼嫩芽叶的同时还要注意留养，留叶多少应根据不同情况而定。对4～5年生刚投产不久的茶园，可实行春茶留一叶、夏茶留一叶、秋茶留鱼叶的采法。5年生以上茶树，根据春季落叶较集中的特点，实行春末、夏初集中留一叶采法，其余时间留鱼叶采摘，采用这一措施可比夏茶集中留叶增产5%以上，比春茶集中留叶增产8%以上，比全年留一叶增产10%以上。

（3）坚持分批勤采　茶树因品种、树势和新梢生长部位不同，发芽时间也不同，合理分批采摘就是要做到先发的先采，后发的后采，先达到采摘标准的先采，未达到标准的不采。由于分批采，营养芽不断分化形成，萌发，展叶，使茶树在生长季节经常保持有一定数量的嫩梢和能够进行光合作用的叶面积，使有机物的供应不会因采摘而脱节。同时，嫩芽叶的呼吸作用和蒸腾作用又使地下的水分和无机盐源源不断地向上运送，维持茶树的正常生长需要，对提高鲜叶的品质、产量都是十分有利的。

（4）推广双手采茶　在贵州省，春茶名优原料宜随时每天都进行采摘；夏茶、秋茶可以4～5d采一批为恰当，分批的间隔时间应以每展出一片新叶所需的天数和新梢的持嫩性为基准。双手采茶是茶叶采摘上的一项革命措施，其特点是双手并用，改单手采为双手采，改坐采为立采，改"一扫光"采为分批采、多次采，从而成倍地提高采茶效率，使茶叶做到及时采、分批采、标准采。

（三）实训准备

（1）手工采茶篓　手工采茶可选用竹子编制的采茶篓（图1-1），透气良好，大小适合，方便携带。一般不采用透气塑料制品或者透气性差的布袋等。

（2）茶园　宜选择长势良好的有机茶园（图1-2），且有多种茶树种植，方便提供各类鲜叶原料进行采摘观察。

图1-1　采茶竹篓

图1-2　贵州安顺市西秀区有机茶园

## （四）实训步骤

（1）采用传统的手工采茶　采茶时，要实行提手采、分朵采，切忌一把捋。

（2）细嫩采采摘标准　采摘单茶芽、一芽一叶以及一芽二叶初展的新梢。

（3）适中采采摘标准　采摘以一芽二叶为主，兼采一芽三叶和幼嫩的对夹叶。

（4）成熟采采摘标准　采摘顶芽停止生长，顶叶尚未"开面"时的三四叶，俗称开面采或三叶半采。

（5）学习双手采摘　与单手采摘比较采摘效率（以单手采摘芽叶质量为1，比较双手采摘百分比），并填入表1-1。

表1-1　不同采摘方式效率比较表

| 采摘方式 | 时间/min | 芽叶质量/g | 效率比/% | 备注 |
|---|---|---|---|---|
| 单手 | 10 | | | 选用一种适合的芽叶标准 |
| | 30 | | | |
| 双手 | 10 | | | |
| | 30 | | | |

## （五）注意事项

（1）根据实训时间选择一种适合的采摘标准，手工采摘鲜叶。

（2）到达茶山，首先看一下身边的茶树，哪几棵该采，哪几棵该留，做到心中有数。采摘顺序是由下采到上，由外采到里，再由里采到外。

（3）采摘要眼快、手快、脚快、心静。眼快指目力集中，正确地指挥两手，采第一个芽叶时要看好下一个要采的茶芽；手快指眼睛看到哪里手就采到哪里；脚快指脚要随手移，以便采得顺手，采茶不要带凳子，站着采便于迅速移动，不浪费一点时间；心静指采茶时要集中精力，专心致志，不要胡思乱想、谈天说笑，以免分散注意力而少采茶叶。

## （六）结果与讨论

（1）结合实训过程，总结手工采摘的技术要领和注意事项。

（2）比较双手采摘与单手采摘的效率。

### ☑ 思考题

在现代机械采茶时代，鲜叶手工采摘的意义是什么？

# 实训二　茶鲜叶摊放及保鲜技术

## （一）实训目的

通过观察鲜叶在不同状态下的摊放变化过程，了解鲜叶摊放的作用及相关知识，掌握鲜叶保鲜的技术原理，从而熟悉不同级别的鲜叶摊放方法和相应的保鲜技术。

## （二）相关知识

（1）鲜叶摊放的概念　鲜叶摊放一般是指绿茶加工过程的一个前处理工序，已在名优绿茶生产中广泛应用。理论研究和生产实践也已证明，合理的鲜叶摊放有利于增进绿茶的色、香、味，明显提高绿茶的风味品质。1955—1956年浙江农业大学张堂恒教授多次对龙井茶的鲜叶进行摊放试验研究，结果表明不仅可以提高成茶的品质，而且可以降低成本；中国农科院茶叶研究所程启坤对鲜叶摊放过程的化学物质变化进行研究，认为绿茶杀青前进行适当摊放，对于改善茶叶品质是有利的。目前普遍认为，摊放过程中，茶鲜叶中的内含物发生一定的变化，摊放鲜叶化学变化加剧，叶细胞组织脱水，细胞液浓缩，蛋白质的理化特性改变，使酶由结合态变为溶解态，酶系反应方向趋向于水解，酶系的活力增强，一些储藏物质如淀粉、多糖、蛋白质、果胶类物质开始水解生成简单物质，有利于提高茶汤滋味，同时由于多酚氧化酶的作用致使多酚类部分发生氧化。研究表明，以一芽一叶茶鲜叶为原料，进行连续摊放（水分78%~61%）处理，随着摊放时间的延长，茶鲜叶中含水率下降逐渐加快，干物质质量下降；茶多酚和儿茶素总量呈现前期下降、后期有所上升的趋势，酯型儿茶素总量逐渐下降，鲜叶和摊放叶中检测不到没食子酸儿茶素（GC）；氨基酸总量呈上升趋势，不同游离组分呈现不同的变化趋势；咖啡因和可溶性总糖含量呈逐渐上升趋势，叶绿素和维生素C含量呈逐渐下降趋势。

（2）鲜叶变质的主要因素　导致鲜叶变质的主要因素有温度升高、通风不良和机械损伤三个方面。

（3）鲜叶保鲜技术措施　关键是控制两个条件，一个是保持低温，另一个是适当降低鲜叶的含水量。鲜叶贮藏应保持阴凉，鲜叶要薄摊，使鲜叶子水分适当蒸发而降低叶温，鲜叶内含物氧化所释放出来的热量，也能随水汽向空中发散；而厚摊将使叶温升高，温度的升高又加速氧化反应，大量放出热量，造成恶性循环，鲜叶很快就腐烂变质。

①鲜叶的贮藏保鲜：鲜叶进厂验收分级后，应立即付制，如不能及时付制，

应采用低温贮藏，尽量缩短时间，一般不超过12h，最多不超过16h。应选择阴凉、湿润、空气流通，场地清洁、无异味的地方，有条件的可设贮青室。贮青室的面积一般按20kg鲜叶/m²，坐南朝北，防止太阳直射，保持室内较低温度。最好是选用水泥地面，且有一定倾斜度，便于冲洗。

鲜叶摊放不宜过厚，一般15~20cm，雨露水叶要薄摊通风，鲜叶摊放过程中，每隔1h翻拌一次，每隔65cm左右开一条通气沟。在翻拌时，动作要轻，切勿在鲜叶上乱踩，尽量减少叶子机械损伤。鲜叶贮放时间不宜过久。一般先进厂先付制，后进厂后付制，雨水叶表面水分多，可以适当摊放一些时间。对于已发热红变的鲜叶，应迅速薄摊，立即分开加工。

②透气板贮青设备：为了减少鲜叶摊放占地面积，节省劳力，保证鲜叶质量，目前有些地方已试用透气板贮青设备，这是解决贮青困难的一个比较行之有效的办法。透气板贮青设备是在普通的摊叶室内开一条长槽，槽面铺上用钢丝网（或粗竹编成）的透气板。透气板每块长1.83m、宽0.9m，可以连放3块、6块或12块，还可以12条槽并列，间距1m左右（也可以根据具体情况设计具体尺寸），槽的一头设一个离心式鼓风机。鼓风机功率大小按板的块数、槽的长短来选用。鼓风机的电动机设定时计，可按需要每一定时间自动起动电动机进行鼓风。鲜叶可摊放1~1.5m，150kg/m²，不需人工翻拌，摊叶和付制可采用皮带输送。

## （三）实训准备

（1）当天采摘的鲜叶　15kg，一芽二叶标准。

（2）多层鲜叶摊青架和摊青竹匾（图1-3）或移动式不锈钢摊青槽（图1-4）。

（3）温度计　常规或者电子式显示。

图1-3　摊青架和摊青竹匾

图1-4　不锈钢摊青槽

（4）热风机 小型移动式，功率2kW。

## （四）实训步骤

（1）将鲜叶分别摊放在6个摊青竹匾中，置放在3个摊青架上，分为A、B、C三组，每组包含薄摊（2~3cm）和厚摊（4~5cm）两个摊放厚度。
（2）A组摊青架保持正常室温和通风。
（3）B组将鲜叶人为用手挤压破损，保持正常室温和通风。
（4）C组使用热风机使摊放叶上升至高于室温（20~30℃）。
（5）每隔1h观察摊青叶状态，并记录变化，直至鲜叶出现劣变现象。

## （五）注意事项

（1）鲜叶使用当天采摘的叶子，摊青间保持20℃，应为无风的房间。
（2）鲜叶运输过程要保持合理装运，新鲜度良好。

## （六）结果与讨论

（1）记录鲜叶在不同因素条件影响下的变化，填入表1-2。

表1-2 鲜叶摊放状况变化记录表

| 鲜摊放组合 | | 观察时间 | | | | | 备注 |
|---|---|---|---|---|---|---|---|
| | | 1h | 2h | 3h | 4h | …… | |
| A组 | 厚度2~3cm | | | | | | |
| | 厚度4~5cm | | | | | | |
| B组 | 手工破损鲜叶 | | | | | | |
| C组 | 升温至30℃上 | | | | | | |

（2）讨论影响鲜叶摊放变化的条件和保鲜技术之间的关系。

---

📝 思考题

1. 薄摊和厚摊，各对摊放效果有什么影响？
2. 温度和机械损伤，哪个对茶叶保鲜效果影响更大？

## 实训三  茶鲜叶质量管理技术

### （一）实训目的

通过对鲜叶芽叶机械成分的分析及鲜叶状态观察，了解影响鲜叶质量的主要构成因素，掌握鲜叶分级的技术要领和评级定价原则。

### （二）相关知识

茶鲜叶是由不同嫩度的芽叶组成，它们内含的化学成分不同，制成的茶叶品质也有很大差异，通常用鲜叶的芽叶机械成分组成来衡量鲜叶品质优劣，不同的茶类对鲜叶原料要求不同，其机械组成不一。鲜叶机械组成分析方法有两种表示方法，即芽叶质量组成分析和芽叶个数组成分析。前者是指100g鲜叶中不同标准的芽叶所占的质量百分比，后者则是指不同标准芽叶数占芽叶总个数的百分比。

鲜叶分单芽、一芽一叶初展、一芽一叶、一芽二叶初展、一芽二叶、一芽三叶、一芽四叶、单片叶、对夹叶等不同的标准。其中单芽、一芽一叶标准参见图1-5。

茶类夹杂物为茶梗、茶籽、茶花、茶花蒂等茶树上的物品，非茶类夹杂物为带入的杂草、竹签、其他杂物等。

DB 52/T 629—2010《贵州茶叶鲜叶分级》见表1-3～表1-5。

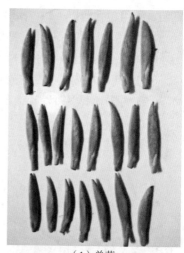

（1）单芽

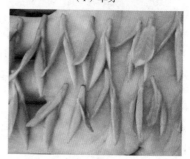

（2）一芽一叶

**图1-5  茶鲜叶标准**

表1-3  贵州名优绿茶鲜叶分级质量要求

| 级别 \ 项目 | 嫩度 | 匀度 | 新鲜度 | 净度 |
|---|---|---|---|---|
| 1级 | 一芽一叶初展，长度≤2.0cm | 尚匀齐 | 鲜活 | 无机械损伤和红变芽叶，无夹杂物 |

续表

| 项目<br>级别 | 嫩度 | 匀度 | 新鲜度 | 净度 |
|---|---|---|---|---|
| 2级 | 一芽一叶，长度≤2.5cm | 尚匀齐 | 新鲜 | 无红变芽叶，茶类夹杂物<1%，无非茶类夹杂物 |
| 3级 | 一芽二叶初展，长度≤3.0cm | 欠匀齐 | 新鲜 | 无红变芽叶，茶类夹杂物<1.5%，无非茶类夹杂物 |
| 单芽 | 长度≤1.5cm | 匀齐 | 新鲜、有活力 | 无机械损伤和红变芽，无夹杂物 |

表1-4　名优工夫红茶鲜叶分级质量要求

| 项目<br>级别 | 嫩度 | 匀度 | 新鲜度 | 净度 |
|---|---|---|---|---|
| 1级 | 一芽一叶初展，长度≤2.5cm | 尚匀齐 | 鲜活 | 无机械损伤和红变芽叶，无夹杂物 |
| 单芽 | 长度≤2.0cm | 匀齐 | 新鲜、有活力 | 无机械损伤和红变芽，无夹杂物 |

表1-5　大宗茶鲜叶分级质量要求

| 项目<br>级别 | 嫩度 | 匀度 | 新鲜度 | 净度 |
|---|---|---|---|---|
| 1级 | 一芽一二叶，单片叶≤8%，叶质柔软 | 均匀 | 鲜活 | 无机械损伤和红变芽叶，茶类夹杂物≤1%，无非茶类夹杂物 |
| 2级 | 一芽二三叶，对夹叶及单片叶≤10%，嫩度相当于同批芽叶第三片叶 | 尚匀 | 鲜活 | 机械损伤叶，≤3%，无红变芽叶，茶类夹杂物≤3%，无非茶类夹杂物 |
| 3级 | 一芽二三叶，对夹叶及单片叶≤15% | 尚匀 | 新鲜 | 机械损伤芽叶≤5%，无红变芽叶，茶类夹杂物≤5%，无非茶类夹杂物 |
| 4级 | 一芽二三叶、对夹叶及单片叶≤20% | 欠匀 | 尚新鲜 | 机械损伤芽叶≤7%，无红变芽叶，茶类夹杂物≤7%，无非茶类夹杂物 |

## （三）实训准备

（1）采摘不同采摘标准的茶鲜叶（图1-6）若干。

图1-6　茶鲜叶样品

（2）采取不同等级的茶鲜叶若干（可从鲜叶收购站或初制厂购买）。

（3）天平（感量0.01g）、镊子、台秤。

（4）篾盘、竹篮、竹篓。

## （四）实训步骤

（1）将鲜叶倒入篾盘内，铺成薄层，用对角线取样法，称取100g鲜叶（精确度0.1），按一芽一叶、一芽二叶、一芽三叶……对夹一叶、对夹二叶、对夹三叶……单片嫩叶、单片老叶、茶梗、茶籽、非茶类物品等拣出后，分别放置并称量，计数，计算各类芽叶所占的百分比，重复2次。此法为质量组成分析。

计算公式：

$$芽叶质量占比 = \frac{各部分芽叶质量}{分析样总质量} \times 100\%$$

（2）操作方法同步骤（1），只是数出100g鲜叶的芽叶总个数，将各类芽叶个数记录，并计算各类芽叶所占的个数百分比，此法为个数组成分析。

计算公式：

$$芽叶个数占比 = \frac{各部分芽叶个数}{分析样总个数} \times 100\%$$

（3）统计，将计算后数值填入表1-6。

表1-6 鲜叶芽叶机械成分统计表

| 鲜叶组成指标 | | 第一次计数 | | | | 第二次计数 | | | | 备注 |
|---|---|---|---|---|---|---|---|---|---|---|
| | | 质量/g | 质量占比/% | 个数 | 个数占比/% | 质量/g | 质量占比/% | 个数 | 个数占比/% | |
| 鲜叶 | 单芽 | | | | | | | | | |
| | 一芽一叶初展 | | | | | | | | | |
| | 一芽一叶 | | | | | | | | | |
| | 一芽二叶初展 | | | | | | | | | |
| | 一芽二叶 | | | | | | | | | |
| | 一芽三叶 | | | | | | | | | |
| | 一芽四叶 | | | | | | | | | |
| | 单片叶 | | | | | | | | | |
| | 对夹叶 | | | | | | | | | |
| 其他 | 茶类夹杂物 | | | | | | | | | |
| | 非茶类夹杂物 | | | | | | | | | |

## （五）注意事项

（1）鲜叶采摘时要全面采取各类标准叶子，方便分析。

（2）对茶类、非茶类夹杂物拣取要仔细。

（3）对一芽一叶初展、一芽一叶和一芽二叶初展、一芽二叶叶子要细心分开。

## （六）结果与讨论

（1）记录实验数据，根据鲜叶芽叶机械组成的不同标准，建立对应的质量等级标准模型。

（2）分析茶场收购点茶青各个等级标准的鲜叶，判断其鲜叶等级标准设置是否科学。

📝 思考题

对本地加工的茶叶产品，鲜叶芽叶机械组成分析对现有的鲜叶收购标准是否有指导意义？

# 实训四　茶鲜叶含水量测定

## （一）实训目的

通过实训，掌握茶鲜叶含水量的测定方法。通过对茶鲜叶含水量的测定，可计算出茶鲜叶的实际质量，为初制茶厂经济核算提供依据；还可计算出在制茶坯的失水率和含水量，从而了解在制茶坯含水量与制茶品质的关系，并正确掌握各工序的适度指标。

## （二）相关知识

（1）茶鲜叶含水率是茶叶加工业中衡量茶叶品质的一个重要指标。传统的茶叶水分常用测定方法有两种，120℃ 1h法和（103±2）℃质量恒定法，这两种方法也可以用于茶鲜叶含水率检测。（103±2）℃质量恒定法虽然准确度高，但需要时间长，一般在6h左右。120℃ 1h法又称快速法，与前一方法相比，相关学者实验表明，不磨碎样时两种方法检测结果无显著差异，因此在茶鲜叶含水量检测中可以运用。本实验就采用120℃ 1h快速法检测。

（2）目前，为了实现茶叶加工过程中茶鲜叶含水率的快速检测，研究人员应用高光谱技术分析茶鲜叶含水率的无损检测方法。通过对茶鲜叶高光谱图像感兴趣区域光谱数据的提取，利用4种不同的算法对原始数据进行预处理，采用逐步回归分析法对预处理后的数据提取特征波长，并采用多元线性回归法、偏最小二乘回归建立特征波长和茶鲜叶含水率定量分析模型。研究结果表明，经过卷积平滑处理后的正交信号校正的预处理结合逐步回归分析法所建立的偏最小二乘回归茶鲜叶含水率预测效果最佳，模型校正集、交叉验证集和预测集的相关系数分别为0.8977、0.8342和0.7749，最小均方根误差分别为0.0091、0.0311和0.0371。由此可见，高光谱技术能有效地实现茶鲜叶含水率的检测，这为茶叶加工业中衡量茶叶品质提供了新的检测方法。

（3）在实际运用中，已经有企业研发了鲜叶快速水分检测仪器。如深圳冠亚牌SFY-6型茶叶水分仪（图1-7），一台仪器可满足不同工序的水分测量，检测快速，测试简单，一键式操作。

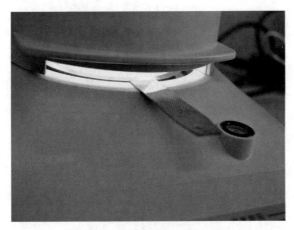

图1-7　茶鲜叶水分快速检测仪

## （三）实训准备

（1）电热烘箱　常规。

（2）电子分析天平　万分之一精度。

（3）红外线水分测定器。

（4）粗天平。

（5）称量小铝盒、坩埚钳，干燥器、钢精盒，剪刀、吸水纸等。

（6）茶鲜叶样品　选取本地具有代表性的3个以上品种。

## （四）实训步骤

（1）首先将烘箱加热到130℃，然后将编号的干净铝盒烘至质量恒定，记录质量。用对角线取样法取具有代表性的鲜叶样品，先以粗天平称取10g样品两份，放入两只铝盒内盖好，然后用分析天平准确称量，再用坩埚钳打开铝盒连盖一起放入烘箱内，调节温度稳定在120℃，控制温度（±2℃），中途不开烘箱门。烘2h，用坩埚钳盖好盖取出烘箱，放入干燥容器中约20min，待冷却至室温，用分析天平称量，称后再烘1h，取出再称，直至质量恒定。

$$茶鲜叶样品含水量=\frac{样品加铝盒质量-烘后样品加铝盒质量}{茶鲜叶样品质量}\times100\%$$

（2）根据茶鲜叶含水量等数据可计算出各工序在制茶坯的失水率与减重率（在制茶过程中干物质损耗未估算在内）。

$$在制茶坯质量=\frac{鲜叶质量\times[1-鲜叶含水量]}{1-在制茶坯含水量}\times100\%$$

$$失水率=\frac{鲜叶质量-在制茶坯质量}{鲜叶质量\times鲜叶含水量}\times100\%$$

$$减重率=\frac{鲜叶质量-在制茶坯质量}{鲜叶质量}\times100\%$$

$$在制品含水率=\frac{鲜叶质量\times[1-鲜叶含水量]}{鲜叶质量}\times100\%$$

## （五）注意事项

（1）所有操作必须符合行业规则、职场卫生健康条件、操作规程等要求。

（2）烘盒必须预先编号，烘至质量恒定，记录质量恒定后置于干燥器中备用。

（3）称样要快速，以免样品吸湿影响测定结果。

（4）样品烘后必须放在干燥器中冷却至室温后再称量。

（5）每一样品两次重复，测定结果在允许误差0.2%以内的，以两次测定平均数作为检验结果，如果两次重复测定结果超过允许误差时，则需重做至测定误差小于0.2%为止。

（6）含表面水的鲜叶，首先必须除去表面水后，再测定其含水量。

## （六）结果与讨论

（1）将所测定的结果填入表1-7，并计算出鲜叶（或在制品）的含水量。

表1-7　鲜叶含水量检测表

| 样品名称 | 烘盒号码 | 烘前盒+样质量g | 烘后盒+样质量/g | 茶鲜叶样质量/g | 含水量/% |
|---|---|---|---|---|---|
| 1. | | | | | |
| 2. | | | | | |
| 3. | | | | | |

（2）比较不同品种的鲜叶含水量差别。

（3）记录茶坯失水率和减重率。

---

📝 **思考题**

1. 测定鲜叶的含水量对生产有何指导意义？

2. 假设一批鲜叶质量为100kg，鲜叶含水量为75%，达到杀青适度的含水量（为60%）时，杀青叶质量为多少？这些鲜叶的减重率是多少？

## 实训五　茶鲜叶杀青技术

### （一）实训目的

通过实训，了解鲜叶杀青的技术原理，掌握常规绿茶加工使用的杀青技术，能根据鲜叶的状况正确使用杀青的技术参数，掌握杀青的基本技能。

### （二）相关知识

杀青，是绿茶、黄茶、黑茶、乌龙茶等的初制工序之一，是绿茶加工和品质形成的关键工序。杀青方式有蒸青、炒青、烘青、泡青、辐射杀青。蒸青在唐代普遍使用，日本、俄罗斯、印度应用较多；我国明朝后普及使用炒青法，世界各产茶国也普遍使用。杀青一般掌握"高温杀青、先高后低；老叶嫩杀、嫩叶老杀；抛闷结合、多抛少闷"等原则。但蒸青要"高温、快速"。

绿茶的杀青方式根据导热介质不同，可将杀青方法分成四类。第一类：金属导热的炒热杀青（简称炒青），机械有锅式杀青机和滚筒式杀青机。第二类：蒸汽导热的蒸热杀青（简称蒸青），是我国唐代开始，至明代以前普遍使用的杀青技术，现为日本制茶中的主要杀青技术。第三类：空气导热的烘热杀青，俄罗斯采用得多。第四类：水导热的泡青，我国古代采用，现在部分黑茶中采用。以上以水和蒸汽的传热效能最大，金属次之，空气最小。不同杀青方法的效果比较见表2-1。

表2-1　不同杀青方法效果比较

| 方法 | 优点 | 缺点 |
| --- | --- | --- |
| 炒青 | 叶温上升快，可利用杀青叶本身水分散失时的部分蒸汽作用（闷）。杀青较匀，青气散失，茶香发展，叶质柔软。含水量降低 | 杀青技术较难控制，温度掌握不好会出现焦边焦叶和红梗红叶 |
| 蒸青 | 叶温上升快，杀青匀、透、青气可散失，杀青技术易控制 | 叶片含水量增加，易黏结，需增加除湿散叶工序 |
| 烘青 | 叶片含水量降低 | 叶温上升慢 |
| 泡青 | 杀青匀、透，卫生性、安全性增加 | 内含成分损失 |

现在应用最主要的为蒸青绿茶、炒青绿茶两种。另有一些新技术如微波杀青、远红外线杀青等。

（1）蒸青绿茶　也就是绿茶在初制时，采用热蒸汽杀青而制成的绿茶。蒸青绿茶的特征有"三绿"，即叶绿、汤绿、叶底绿。传统蒸青工艺绿茶有恩施玉露等。日本生产的绿茶大部分属于蒸青绿茶。

（2）炒青绿茶　绿茶初制时，经锅炒（手工锅炒或机械炒干机）杀青、干燥的绿茶。炒青绿茶有"外形秀丽，香高味浓"的品质特征。有些高档的炒青绿茶还有人们常说的"熟板栗"香。

杀青的目的是利用鲜叶中酶对温度的不稳定性，采取高温迅速地钝化酶活力，以获得应有的色、香、味品质特征。杀青工艺中有关技术因子主要是温度、时间、投叶量等，正确掌握杀青工艺技术，使杀青匀透，香气显露，青气消失，鲜叶由鲜绿转为暗绿，嫩梗折而不断，无红梗红叶，略有黏性，紧捏叶子成团，失去弹性。生产中常因投叶量过多，杀青时间过短常出现杀青不足；或因温度过高，投叶过少，时间过长而杀青过度。

本实训采用炒青方式，用手工锅杀青方式进行（图2-1）。通常技术指标为锅温160～220℃，视不同鲜叶标准而定，杀青时间3～5min。

图2-1　茶叶手工杀青场景

## （三）实训准备

（1）手工电炒锅　两组电炉丝，功率3000W。
（2）制茶辅助用具　竹匾、小扫帚、制茶油、棉纸、砂纸等。
（3）一芽二叶鲜叶　若干。

## （四）实训步骤

（1）将手工电炒锅用细砂纸打磨光滑、用干净毛巾清洁后进行安全检查、打开两组电源加热。
（2）观察锅底颜色变化，有轻微发白时用手背在锅底上方20cm处感受有灼烧感时，锅温度基本升至160℃以上，投入鲜叶200g，进行杀青操作，合理交替运用闷杀和抛杀技术。
（3）利用手掌感受杀青叶的温度，并观察杀青叶的变化，体会杀青温度和杀青程度的关系。
（4）体会闷杀和抛（抖）杀的区别和作用，以及与叶温间的关系。
（5）杀青3～5min后，观察杀青是否适度并出锅摊凉。

## （五）注意事项

（1）电炒锅打开电源前要进行漏电检查，强调用电安全。
（2）杀青过程中因为有高温，强调操作中的正确手势和安全保护，防止烫伤。
（3）杀青温度可以在160～220℃，体会不同温度对杀青的影响。
（4）杀青投叶量可以在200～400g，体会不同投叶量对杀青的影响。

## （六）结果与讨论

（1）运用不同技术指标组合杀青，观察杀青叶状况，记录到表2-2，讨论杀青过程中温度、投叶量、杀青时间和杀青适度之间的关系。

表2-2　杀青状况表

| 杀青技术指标 | 杀青叶状况 | 备注 |
| --- | --- | --- |
| 温度：<br>投叶量：<br>时间： | | |

续表

| 杀青技术指标 | 杀青叶状况 | 备注 |
|---|---|---|
| 温度：<br>投叶量：<br>时间： | | |
| 温度：<br>投叶量：<br>时间： | | |

（2）讨论闷杀和抖杀对杀青适度的影响。

1. 看茶做茶如何在杀青环节运用？
2. 如何理解杀青对制茶的重要性？

# 实训六　杀青叶酶活力测定

## （一）实训目的

通过本次实训，学习杀青叶酶活力的指标测定方法，了解影响杀青质量主要因素，熟悉掌握其控制方法及技能。

## （二）相关知识

生物体内酶活力与温度高低有密切关系，在一定范围内，随温度增高酶活力增强，但达到一定温度后酶蛋白变性，酶促反应减弱。不同的酶对温度的敏感程度不一，茶鲜叶中含有多种酶类，其中氧化多酚类物质的酶主要有多酚氧化酶和过氧化物酶，多酚氧化酶在15～55℃范围内随温度增高活力增强，达65℃时活力则明显下降，过氧化氢酶和过氧化物酶随温度升高而增强，35℃以上就开始下降。一般在60℃以上时就迅速失去活力。茶叶在杀青工艺中采用高温迅速钝化酶的活力，阻止多酚类的酶促氧化，保持茶叶的绿色。在杀青过程中温度偏低时不仅不能钝化酶的活力，反而会增强多酚类的酶促氧化的活力，引起酚类的酶促氧化，形成红梗红叶，而温度过高则会使叶片失水过多而烧焦。杀青时间、投叶多少、杀青方式都直接关系茶叶中酶的钝化程度和钝化速度，杀青时应在短时间内使叶温升高（80℃以上）才能使酶促氧化作用迅速制止，不致产生红梗红叶。

茶叶中的酶活力可通过外加过氧化氢使愈创木酚氧化为有色的醌类物质来进行观察检测，杀青程度与酶活力的关系也就与试液的颜色存在相关性，如表2-3所示。

表2-3  杀青程度与酶活力的关系

| 杀青程度 | 试液色泽反映 | 酶活力 |
| --- | --- | --- |
| 未经杀青的鲜叶 | 深褐色、液体呈乳状 | 强烈 |
| 不足 | 淡褐色、液体呈乳状 | 强 |
| 稍差 | 黄绿色、液体呈乳状 | 弱 |
| 尚适宜 | 浅绿色、液体稍浊 | 趋于钝化 |
| 充足 | 翠绿色、液体澄清透明 | 充分破坏 |

愈创木酚（guaiacol）是一种白色或微黄色结晶或无色至淡黄色透明油状液体，有特殊芳香气味，其分子式见图2-2。易溶于乙醇及有机溶剂，微溶于水，在乙醇等有机溶剂中的浓度可达99%。在自然界中愈创木酚存在于愈创树脂或松油中，愈创木酚是木材干馏所得的杂

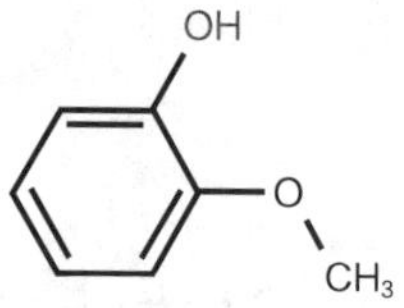

图2-2  愈创木酚化学分子式

酚油的主要的成分，是一种重要的精细化工中间体，广泛应用于医药、香料及染料的合成。误食引起急性中毒，表现为头痛、头晕、乏力、口腔黏膜呈蓝色，口内有金属味，齿龈，舌发青，腹泻，腹绞痛，黑大便，重者昏迷、痉挛，血压下降等。皮肤接触还会引起皮炎、溃疡等。

（三）实训准备

（1）材料  10%愈创木酚酒精液、1%过氧化氢溶液。

（2）鲜叶  抛炒2min杀青叶；抛炒2min、闷炒1.5～2min杀青叶；炒至尚适度的杀青叶；炒至适度的杀青叶。

（3）设备  温度计、粗天平、50mL量筒、烧杯、吸管、小玻璃瓶、研钵、不锈钢剪刀、纱布等。

## （四）实训步骤

（1）在杀青过程中用设定四种杀青方式组合。组合一为抛炒2min杀青叶；组合二为抛炒2min、闷炒1.5~2min杀青叶；组合三为杀青尚适度杀青叶；组合四为炒至适度的杀青叶。

（2）取上述不同杀青程度的杀青叶各6g，分别迅速用不锈钢剪剪碎，置于研钵中，加蒸馏水4mL，研成糊状，用两层纱布包裹绞挤茶汁于清洁小瓶内，用吸管吸取0.2mL，注入清洁试管中，加蒸馏水3mL、10%愈疮胶酚酒精液2mL，轻加振动，使之混合均匀，再加入1%过氧化氢溶液3mL，强烈振荡3~5min，静置。

（3）分别观察试液颜色。根据试液显色的深浅，判断酶活力强弱，从而确定杀青程度。

## （五）注意事项

（1）所有操作必须符合行业规则、职场卫生健康条件、操作规程等要求。

（2）检查操作过程是否符合规范。

（3）愈创木酚有较强的苯酚特性和中等毒性，对皮肤有刺激性，大量服用能刺激食道和胃，使心力衰竭，虚脱而死亡。试剂制备需要在教师指导下进行，务必注意安全。

## （六）结果与讨论

（1）将所测定的结果记入表2-4。

表2-4　不同杀青程度试液颜色测定表

| 样品组合 | 试液颜色 | 杀青程度 |
| --- | --- | --- |
| 鲜叶 | | |
| 抛炒2min杀青叶 | | |
| 抛炒2min、闷炒2min杀青叶 | | |
| 炒到适度的杀青叶 | | |

（2）讨论杀青方式不同对酶活力的影响，并找出适合的杀青方式。

> 📝 思考题
>
> 不同杀青方式对酶活力的影响及其与制茶品质形成之间的关系是什么？

# 实训七　茶叶揉捻技术

## （一）实训目的

通过实训，了解茶叶揉捻的技术原理，掌握手工揉捻的基本方法和机械揉捻的基本操作流程，熟练揉捻工序的技能。

## （二）相关知识

揉捻工艺（图2-3）是条形茶成形的重要工艺，关系茶叶外形、条索紧结度、完整性、色泽及茶汤的浓度耐泡性。不同的揉捻机械、揉捻技术直接关系茶叶品质优势。正确掌握揉捻技术，根据原料、机械及环境因子，了解揉捻、投叶量、揉捻加压方式、揉捻时间、转速快慢与茶叶品质的关系极为重要。揉捻加压轻重、加压方式、揉捻机具及转速快慢，投叶量多少，揉捻时间长短都影响揉捻叶细胞破损率、成条率、外形品质，控制这些因子是保证揉捻质量的前提。

**图2-3　茶叶手工揉捻动作**

揉捻的作用一方面是使茶叶细胞破损，汁液外溢，附于叶表面，进行生化变化，并便于冲泡，提高茶汤浓度；另一方面，使叶片卷曲成条，达到条茶类的外形要求。此外，随着揉捻过程的进展，叶内各种物质混合与空气接触不断发生生化反应，进而带来品质变化的影响。因此揉捻是茶类（白茶除外）初制过程中一道重要工序。

揉捻叶大宗绿茶中，对长炒青外形要求概括为五要五不要：一要条索，不要叶片；二要圆条不要扁条；三要直条不要弯条；四要紧条不要松条；五要整条，不要碎条。这也是对一般条形茶揉捻的基本要求。

常规揉捻技术中机械揉捻可以分为热揉和重揉，即在整个揉捻过程以重压为主。重揉有利于改变叶片的形态，易于卷紧成条；快揉、重压热揉可缩短揉捻时间，提高生产效率。

根据叶温的不同，揉捻方式有冷揉、余热揉和热揉三种处理。

（1）冷揉　在杀青叶的叶温降至室温后进行揉捻，这样的茶叶色、香、味均好。

（2）余热揉　对于中等鲜叶原料，在其揉捻过程中没有外界热量的供给，将杀青叶趁热揉捻，这样有利于卷紧茶条。

（3）热揉　对较粗老的鲜叶原料，利用杀青余热进行揉捻，即边揉捻边干燥，随着揉捻的进行，使茶叶水分有所减少，既便于成条，又能促进内含物质的转化，减少茶叶粗老气味。

茶叶的揉捻绿茶一般提倡冷揉，而不用热揉（老叶除外）。原因是热揉易使茶叶色泽发黄，香气低闷，品质较差。红茶、黑茶等对色泽的要求不受湿热的影响，所以使用热揉方式相对较多。

## （三）实训准备

（1）已经杀青完备的杀青叶若干，采用一芽二叶鲜叶原料为宜。
（2）手工揉捻用的扁平竹匾若干。
（3）35型名优茶揉捻机（图2-4）一台（或其他型号揉捻机）。
（4）其他制茶辅助用具等。

## （四）实训步骤

（1）取杀青叶500g，在扁平竹匾中，用双手将杀青叶团成圆球状，一只手滚动推动茶团，一只手给予压力，由轻到重、再由重到轻，反复推揉，直至茶叶形成茶条，再紧捻成条索。

**图2-4　35型名优茶揉捻机**

| 1—立柱 | 2—压盖 | 3—三脚架 | 4—从动座 | 5—出茶斗 |
| 6—长脚 | 7—曲柄 | 8—铝桶 | 9—横臂 | 10—手轮 |

（2）观察手工揉捻叶的成条效果。

（3）取杀青叶10kg，在35型名优茶揉捻机中揉捻，采用"轻重轻"揉捻技术，时间视杀青叶嫩度掌握，并学习各类加压的操作方法。

（4）观察机制揉捻叶的成条效果。

## （五）注意事项

（1）揉捻机操作注意安全，做好漏电和机械撞击保护措施。

（2）手工揉捻中采用不同揉捻时间段作为对比，辅助手工加压后成条效果观察。

（3）机制揉捻中采用不同时间、不同压力组合揉捻作为对比，观察成条率。注意杀青叶嫩度对成条率的影响。

## （六）结果与讨论

（1）记录不同时间手工揉捻的成条率，填入表2-5中，并讨论。

（2）记录机制揉捻不同时间、不同压力组合的成条率，填入表2-6中，并讨论。

表2-5　不同时间手工揉捻成条率

| 时间/min | 成条率/% | 外形描述 |
|---|---|---|
| 10 | | |
| 15 | | |
| 20 | | |
| 30 | | |

表2-6　不同时间和压力组合揉捻成条率

| 时间/min | 压力 | 成条率/% | 描述 |
|---|---|---|---|
| 10 | 轻、重、轻 | | |
| 10 | 轻、次轻、重、轻 | | |
| 20 | 轻、重、轻 | | |
| 20 | 轻、次轻、重、轻 | | |

注：时间和压力组合可自行设定。

### 思考题

1. 手工揉捻中成条的影响因素是什么？
2. 机制揉捻中要注意哪些因素？它们的相关性如何？

## 实训八　揉捻叶细胞损伤率和成条率测定

### （一）实训目的

通过实训，了解揉捻叶细胞损伤率和成条率测定的原理，掌握揉捻叶细胞损伤率和成条率测定的方法和操作技能。

## （二）相关知识

茶叶揉捻要求在保证外形的前提下，达到一定的细胞破损率，也就是要有一定的耐泡性，是提高茶叶内质滋味的重要保证。绿茶一般要求细胞破损率在45%~65%，而红茶需要充分破碎利于"发酵"，所以要求有更高的细胞破损率，视不同茶类一般达70%~90%。

茶叶成条率是判断茶叶外形的重要指标，成条率高的茶叶条索紧，评分好。通常对名优茶揉捻成条率要达到85%以上，一般大宗茶也要达到60%~70%，这也是评价揉捻技术是否合理的重要依据。

（1）细胞破损率的测定　对上述各处理的揉捻叶，各取样200g；从中取出5g，在清水中逐片展开，捞起沥水后，投入10%重铬酸钾溶液，浸渍5min，取出后用净水反复漂洗。取10片有代表性叶片，平铺在白瓷砖上，用九宫格压在叶片上（图2-5）。计算叶片染色部分所占的方格数，确定每个叶片破损细胞所占比例，逐片记录，取平均值，即为细胞破损率，重复两次，计算公式为：

$$单片细胞破损率 = \frac{破损的细胞组成所占方格数}{整个叶片所占方格数} \times 100\%$$

$$每个样品平均细胞破损率 = \frac{各单片破损的细胞率总和}{检测的叶子总数} \times 100\%$$

图2-5　茶叶揉捻叶细胞破损率九宫格测定法

（2）揉捻成条率测定　从上述处理的样茶中，取有代表性的样品10g，撒在白瓷盘上，用镊子区别成条叶、不成条叶，计取总条数及合格数、扁条数，称取总质量及成条叶质量，计算成条数百分率及成条质量百分率，重复两次。计算公式为：

$$茶叶成条数百分率=\frac{成条的条数}{总条数}\times100\%$$

$$茶叶成条质量百分率=\frac{成条的质量}{总量}\times100\%$$

九宫格测定法是经典测定法，但是费时间且需现场测定，精确度较低，易出错。福建农林大学园艺学院茶学系邹锋扬等采用一种新的测定方法，应用计算机图像处理技术，并采用数码摄影技术和 Photoshop7.0、Algolab PtVector、AutoCAD2004软件处理相结合测定，能更科学、精确地计算细胞破损率，大大缩短了现场计算时间，降低人为误差，且能永久性保存图片，方便以后核查检验，延长了数据的保存期，为数据库的建立奠定基础。

（三）实训准备

（1）材料  一芽二三叶杀青叶（或萎凋叶），用揉捻机进行处理后，取样。
（2）设备  茶叶揉捻机（可用不同型号的揉捻机）、台秤、茶盘（直径1～1.5m）、白瓷盘、烧杯、九宫格、镊子。
（3）试剂  10%重铬酸钾溶液。

（四）实训步骤

（1）取二级原料的杀青叶（或红茶取萎凋叶），分下列处理进行揉捻对比试验，并分别取样250g用于测定细胞破损率及成条率。
①不同投叶量：投叶量对应不同揉捻机型号按适量、不足、过量进行三种处理，并按正常加压方式揉捻40min。
②不同加压方式：根据揉捻机型号取适宜的投叶量，采用不同的加压方式，即全程不加压、分段加压（无压—轻压—中压—重压—轻压）、全程加重压三种处理。揉捻时间均为40min。
③不同转速：按正常投叶量和正常加压方式，分不同转速处理，即转速为35、45、55r/min，揉捻时间均为40min。
④不同揉捻时间在正常投叶量及正常转速和加压条件下，分20、40、80min三种处理。
（2）细胞破损率的测定  对上述各处理的揉捻叶，各次取样200g；从中取5～10g，在清水中逐片展开，捞起沥水后，投入10%重铬酸钾溶液中，浸渍

5min，取出后用净水反复漂洗。取10~20片有代表性叶片，平铺在白瓷砖上，用九宫格压在叶片上。计算叶片染色部分所占的方格数，确定每个叶片破损细胞所占比例，逐片记数，取平均值，即为细胞破损率，重复两次。

（3）揉捻成条率测定　从上述各处理的揉捻叶中，称取有代表性的样品10~15g，撒在白瓷板上，用镊子区别成条叶、不成条叶，计取总条数及合格成条数、扁条数，再称取总质量及成条叶质量，计算成条数百分率及成条质量百分率，重复三次。

## （五）注意事项

（1）使用化学药剂时要小心，由教师指导配制试剂，注意安全。
（2）选取叶片计数时，注意取样的合理性，做到有充分的代表性。
（3）揉捻叶揉捻时可以参考本地通常采用的加压和时间参数。

## （六）结果与讨论

（1）将各处理所测定的结果分别记入表2-7。

表2-7　不同揉捻工艺有关指标测定记录表

| 项目 | 处理 | 不同投叶量/kg | | | 不同加压方式 | | | 不同时间/min | | |
|---|---|---|---|---|---|---|---|---|---|---|
| | | 不足 | 适量 | 过量 | 全程不加压 | 正常加压 | 全程重压 | 20 | 40 | 80 |
| 细胞破损率/% | 单片叶 | | | | | | | | | |
| | 平均 | | | | | | | | | |
| 揉叶成条率/% | 成条数 | | | | | | | | | |
| | 成条质量 | | | | | | | | | |

（2）根据测定结果，分析揉捻各技术因子与品质的关系。

### 思考题

细胞破损率与压力的关系可以应用到哪些茶类制作上？有何意义？

# 实训九 茶叶干燥技术

## （一）实训目的

通过此实训，了解茶叶干燥的技术原理，掌握干燥的不同种类方法，掌握炒干和烘干的基本技能。

## （二）相关知识

干燥的定义是采用一定的温度去除水分，固定茶叶品质，从而进一步形成与发展茶叶品质的过程。干燥对形成茶叶品质有着重要的作用。根据干燥目的和茶叶物理特性不同，可将干燥分为以下三个阶段：

第一阶段：以蒸发水分和制止前工序继续作用为主，干燥温度高，投叶量少；

第二阶段：水分含量40%左右，叶子的可塑性较好，最容易发生变形，是做形的最好阶段；

第三阶段：水分含量20%左右，是形成茶叶香味品质的主要阶段。

干燥次数一般情况炒干采用三次，烘干采用两次。一些特例如武夷岩茶、铁观音等青茶干燥次数达四五次。

分次干燥的目的是使茶叶各部分干度均匀。因为两次干燥之间的摊放，能使梗、叶不同部位的水分与叶子内部、外部的水分进行重新分布。

干燥技术因素分析主要与温度、叶量、翻动相关，见表2-8。

表2-8 干燥技术影响因素

| 温度 | | | 叶量 | 翻动 |
|---|---|---|---|---|
| 叶温的正常变化范围：<br>低温：40~50℃<br>高温：70~80℃ | 温度过高的弊端：（1）茶叶外干内湿，叶色干枯，不利贮藏；（2）产生老火香味、焦气味、烟气味 | 温度过低的弊端：茶叶香味低淡，甚至有水闷气味、青草气味 | 干燥初期，叶量要少；<br>干燥后期，叶量相应增加 | 不同部位叶子受热不一样，叶温高低差异大，使不同部位叶子干燥程度差异大。为了使叶子受热均匀和干度均匀，干燥过程必须适当翻动 |

干燥是各茶类初制中最后一道工序，干燥的目的：一是脱水，使茶叶达到一定的含水量，便于贮存；二是在干燥过程中还要发生复杂的热化学反应，使茶叶

的色、香、味更趋于完善；同时某些干燥方法还可进一步塑造外形使之达到各茶类外形特征要求。

干燥的方法因热交换形式及热效率不同有炒、烘、晒、晾、半烘炒等多种方式，其干茶品质也各有差异。大宗绿茶一般分为二青、三青和辉锅3道工序。

### （三）实训准备

（1）手工电炒锅　两挡，功率3000W。
（2）小型手拉百页茶叶烘干机（图2-6）　电热式或煤柴式。
（3）已经加工好的一芽二叶揉捻叶若干。
（4）其他制茶辅助用具。

图2-6　手拉百页茶叶烘干机

### （四）实训步骤

（1）将电炒锅打开加热到100～120℃，投入200g揉捻叶，手工进行抛炒快速挥发水分至六成干，此时手掌握住茶叶感觉轻微刺手，茶叶掉落锅底时有轻微沙沙声。

（2）将茶叶出锅摊晾0.5h后，两锅毛火炒干叶合并成一锅处理。

（3）将电炒锅降低到60～80℃，将并锅的毛火炒干叶投入锅中，慢慢翻动挥发水分至足干，水分降至6%，此时茶叶手握时明显刺手，用手指捻茶可成粉末状，茶叶掉落锅底时有明显响声。

（4）仔细观察炒干叶各项特征。

（5）将圆盘式电热烘焙机打开热风加热到100～120℃，投入1000g揉捻叶，进行抛抖快速挥发水分至六成干，此时手掌握住茶叶感觉轻微刺手，茶叶颜色变深绿色，有毫毛的可以隐见白毫。

（6）出烘斗摊凉0.5h后，将两锅毛火烘干叶合并成一锅。

（7）将圆盘式电热烘焙机热风温度降低到60～80℃，将合并后的毛火干燥叶投入烘斗中，慢慢翻动挥发水分至足干，水分降至6%，此时茶叶手握时明显刺手，用手指捻茶可成粉末状，茶叶颜色变墨绿色，有毫毛的可以看见白毫显露。

（8）仔细观察烘干叶各项特征。

## （五）注意事项

（1）电炒锅打开电源前要进行漏电检查，强调用电安全。

（2）圆盘式电热烘焙机打开电源前要进行漏电检查，强调用电安全。

（3）干燥过程中因为有高温，强调操作中的正确手势和安全保护，防止高温烫伤。

（4）干燥后期操作注意不要用力，轻翻茶叶，防止茶叶断碎，产生副茶。提香或者提毫注意控制温度，不要过高，防止烟茶。

## （六）结果与讨论

（1）比较炒干和烘干过程中水分的减少变化，体会炒干和烘干茶叶在水分挥发上的不同。

（2）观察炒干叶和烘干叶的形态，填入表2-9，讨论炒干和烘干的区别点。

表2-9　炒干叶与烘干叶形态特征

| 干燥方式 | 形态特征 |
|---|---|
| 炒干 | |
| 烘干 | |

### 📝 思考题

1. 结合不同干燥方式对茶叶品质特征的影响，讨论炒干方式和烘干方式在茶叶干燥中的应用。
2. 思考科技进步带来的新技术在茶叶干燥中有无应用价值。

## 实训十　茶叶萎凋技术

### （一）实训目的

通过此实训，了解茶叶萎凋的技术原理，掌握萎凋的不同种类方法和室内自然萎凋、室内加温萎凋的基本技能。

### （二）相关知识

萎凋是指鲜叶在一定条件下，逐步均匀失水，发生一系列理化变化的过程，是形成发酵性茶品质的重要工序。

萎凋目的主要有3个：一是使叶片缓慢、均匀地蒸发部分水分，减少细胞膨压，使叶片柔软呈萎蔫状态，便于揉捻；二是伴随水分减少，蛋白质发生水解，酶由结合状态转变为游离状态，活性增强，促进叶内化学成分的转化；三是使鲜叶的青臭气挥发，减少青臭气，形成茶香。

一般方法有自然萎凋、萎凋槽萎凋和萎凋机萎凋3种方法。自然萎凋包括日光萎凋和室内自然萎凋。目前多采用日光萎凋和萎凋槽萎凋。

（1）日光萎凋　日光萎凋是将鲜叶直接薄摊在日光下进行萎凋的一种方式（图2-7）。萎凋时间最好是在上午10：00时前或下午14：00时以后，在阳光过强的时候不能日光萎凋。萎凋时，将叶片薄摊在晒席上，以叶片基本不重叠为适度。春茶萎凋时间一般1～2h，夏茶1h左右，中间轻翻1～2次。晒到叶质柔软，叶面卷缩为适度。萎凋适度叶必须摊晾后才能揉捻。

**图2-7　室外日光萎凋场景**

（2）室内自然萎凋　室内自然萎凋是将鲜叶薄摊在室内，利用自然气候条件，进行萎凋的一种方法（图2-8）。试验标明，室内自然萎凋，茶叶品质较日光萎凋要好。要求萎凋室空气流通，无阳光直射入室内。温度在20～24℃，相对湿度控制在60%～70%。室内装置萎凋架，架上安置萎凋帘。

图2-8　室内萎凋场景

（3）萎凋槽萎凋　萎凋槽萎凋是人工控制的半机械化的加温萎凋方式。萎凋茶叶品质较好，是一种较好的萎凋方式。萎凋槽的基本构造包括空气加热炉灶、鼓风机、风道、槽体和盛叶框盒等。操作技术主要掌握好温度、风量、摊叶厚度、翻拌和萎凋时间等。

①温度：萎凋槽热空气一般控制在35℃左右，最高不能超过38℃，要求槽体两端温度尽可能一致。萎凋结束下叶前10～15min应鼓冷风。风力大小应根据叶层厚度和叶质柔软程度加以适当调节。风量风力小，生产效率低；风力过大，失水快，萎凋不匀。一般萎凋槽长10m、宽1.5m、高20cm，有效摊叶面积15m²，采用7号风机即可。

②摊叶厚度：摊叶厚度与茶叶品质有一定关系。摊叶依叶质老嫩和叶形大小不同而异。掌握"嫩叶薄摊，老叶厚摊"，"小叶种厚摊，大叶种薄摊"的原则，一般小叶种摊叶厚度20cm左右，大叶种18cm。叶片要抖散摊平，厚薄一致。

③翻抖：翻抖是达到均匀萎凋的手段。一般每隔1h停鼓风机翻拌1次，翻拌时动作要轻，切忌损伤叶片。

④萎凋时间：萎凋时间长短与鲜叶老嫩、含水量多少、萎凋温度、风力强弱、摊叶厚薄、翻拌次数等相关。如温度高、风力大、摊叶薄、翻拌勤，萎凋时间会缩短；反之则会延长。

萎凋时间长短与茶叶品质关系极大。萎凋时间长，茶叶香低味淡，汤色和叶底暗；萎凋时间短，程度不匀，"发酵"不良，叶底花杂。因此要求温度控制在35℃左右，萎凋时间4~5h；春茶在5h以上，雨水叶要5~6h，叶片肥嫩或细嫩叶片，时间会更长些。

⑤萎凋程度：掌握萎凋适度是制好工夫红茶的关键。萎凋不足或过度，红茶品质都不好，其具体表现见表2-10。

表2-10　萎凋不当程度表

| 萎凋程度 | 不足 | 过度 | 不匀 |
| --- | --- | --- | --- |
| 具体表现 | 萎凋叶含水量偏高，化学变化不足。揉捻时茶叶易断碎，条索不紧，茶汁大量流失，发酵困难，制成毛茶外形条索短碎，多片末，内质香味青涩淡薄，汤色浑浊，叶底花杂带青 | 萎凋叶含水量偏少，化学变化过度。茶叶枯芽焦边，泛红。揉捻不易成条，发酵困难。制成毛茶外形条索短碎，多片末，内质香低味淡，汤色红暗，叶底乌暗 | 揉捻和发酵都困难，毛茶外形条索松紧不匀，叶底花杂 |

因此，萎凋程度应掌握"嫩叶重萎，老叶轻萎"的原则，做到萎凋适度。鉴别萎凋适度的办法有三种。

第一种为感官鉴别方法，手捏柔软如棉，紧握成团，松手不弹散，嫩梗折而不断；眼观叶面光泽消失，叶色由鲜绿变为暗绿，无枯芽、焦边、泛红；鼻嗅青臭气消失，发出轻微的清新花香。第二种为测定减重率，减重率应在31%~38%。第三种为测定萎凋叶含水量，含水量一般在60%~64%为宜。

（三）实训准备

（1）一芽二三叶鲜叶若干（叶片完整）。
（2）摊青架、竹匾、热风机（功率3000W）。
（3）温湿度计、计时器。

（四）实训步骤

（1）日光萎凋　在日光充足的天气条件下，将鲜叶薄摊在竹匾上，在上午8:00—10:00或者下午3:00—5:00进行日光萎凋。
（2）室内自然萎凋　在室外阳光、温度不足的情况下，将鲜叶薄摊在竹匾上，用热风机吹风使室内空气流动正常，保持24~30h的萎凋时间（图2-8）。
（3）室内加温萎凋　在室外阴雨天气的情况下，将鲜叶薄摊在竹匾上，用热风机加热室内，吹热风使室内温度在25～30℃，空气流动正常，保持8～12h的萎凋时间。

## （五）注意事项

（1）使用热风机时打开电源前要进行漏电检查，强调用电安全。
（2）室内萎凋时间较长，要合理安排开始时间，方便各阶段观察。

## （六）结果与讨论

（1）记录萎凋时的室内外温度、湿度，在萎凋过程中观察叶子的变化情况和萎凋适度时所需要的时间。
（2）比较日光萎凋、室内自然萎凋、室内加温萎凋的叶子状况，填入表2-11。

表2-11　不同萎凋方式的茶鲜叶形态

| 萎凋方式 | 茶鲜叶形态 |
| --- | --- |
| 日光萎凋 | |
| 室内自然萎凋 | |
| 室内加温萎凋 | |

（3）讨论适合本地茶鲜叶的萎凋条件。

### ? 思考题

1. 对大叶种、中小叶种茶鲜叶的萎凋，哪种方式更有利于品质形成？
2. 针对当地的气候特点，该如何运用萎凋技术？

# 项目三　绿茶加工

## 实训十一　炒青绿茶加工

### （一）实训目的

通过实训，了解炒青绿茶的加工原理，掌握手工炒青绿茶的基本加工工艺。和加工技能。

### （二）相关知识

（1）大宗绿茶　我国茶叶生产以绿茶为最早。我国自唐代便采用蒸汽杀青的方法制造团茶，到了宋代又进而改为蒸青散茶。到了明代，我国又发明了炒青制法，此后便逐渐淘汰了蒸青。炒青绿茶因绿茶干燥方式采用炒干而得名。一般为大宗绿茶，按外形可分为长炒青、圆炒青两类。

①长炒青：由于在干燥过程中受到机械或手工操作的作用不同，成茶形成了长条形、圆珠形、扇平形、针形、螺形等不同的形状，按外形可分为长炒青、圆炒青和扁炒青三类。长炒青形似眉毛，又称为眉茶。成品的花色有珍眉、贡熙、雨茶、针眉、秀眉等，各具不同的品质特征。珍眉条索细紧挺直或其形如仕女之秀眉，色泽绿润起霜，香气高鲜，滋味浓爽，汤色、叶底绿微黄明亮；贡熙是长炒青中的圆形茶，精制后称贡熙，外形颗粒近似珠茶，圆叶底尚嫩匀；雨茶原系由珠茶中分离出来的长形茶，现在雨茶大部分从眉茶中获取，外形条索细短、尚紧，色泽绿匀，香气纯正，滋味尚浓，汤色黄绿，叶底尚嫩匀；长炒青的品质特点是条索紧结，色泽绿润，香高持久，滋味浓郁，汤色、叶底黄亮。

长炒青经精制后为眉茶。其中珍眉外形紧结，色泽绿润起霜，汤色黄绿明亮，栗香浓郁，滋味醇厚，叶底黄绿，如外形松泡、灰色，香味不纯，有烟焦的为下档产品。

　　a. 眉茶花色。出口眉茶标准样中分为特珍、珍眉、秀眉、雨茶、贡熙。具体花色品种见表3-1。各花色品质要求：品质正常，不着色，不添加任何香、味物质，无异味，不含非茶类夹杂物。

　　b. 眉茶评分原则。贸易上审评眉茶品质，常采用法定的茶叶实物标准样为对照依据，一般采用比准"高""低""相当"的三个档次定级定价。

表3-1　出口眉茶贸易标准（上海茶叶公司采用）

| 茶别 | | 外形特征 |
| --- | --- | --- |
| 特珍 | 特级 | 细嫩，紧直，有苗锋 |
| | 一级 | 细紧，重实 |
| | 二级 | 紧结，尚重实 |
| 珍眉 | 一级 | 紧结 |
| | 二级 | 尚紧结 |
| | 三级 | 稍粗松 |
| | 四级 | 粗松 |
| | 不列级 | 粗松，质轻，带朴梗 |
| 雨茶 | 特级 | 嫩筋带片 |
| | 一级 | 短钝细嫩筋 |
| 秀眉 | 一级 | 片状带筋 |
| | 二级 | 细片状 |
| | 三级 | 较轻细片 |
| | 茶片 | 轻质细片 |
| 贡熙 | 特级 | 色润，圆勾状，较重实 |
| | 一级 | 色尚润，圆勾状，尚重实 |
| | 二级 | 色稍枯，较勾，质轻 |
| | 三级 | 色枯，较空，勾状 |
| | 不列级 | 空松，扁片，短钝 |

②圆炒青：圆炒青外形如颗粒，又称为珠茶。外形颗粒圆紧，因产地和采制方法不同，又分为平炒青、泉岗辉白和涌溪火青等。比较有名的有平炒青，产于浙江嵊州市、新昌县、上虞县等。因历史上毛茶集中绍兴平水镇精制和集散，成品茶外形细圆紧结似珍珠，故称"平水珠茶"或称平绿，毛茶则称平炒青；圆炒青有外形圆紧如珠、香高味浓、耐泡等品质特点。

常用的大宗绿茶工艺流程：

$$鲜叶 \rightarrow \boxed{杀青} \rightarrow \boxed{揉捻} \rightarrow \boxed{干燥}$$

干燥的方法有很多，有的用炒锅炒干，有的用炒干机滚筒炒干，但不论何种方法，目的都是：叶子在杀青的基础上继续使内含物发生变化，提高内在品质；在揉捻的基础上整理条索，改进外形；排出过多水分，防止霉变，便于贮藏。最后经干燥后的茶叶，都必须达到安全的保管条件，即含水量要求在5%~6%，以手揉叶能成碎末。炒青绿茶是以干热（炒制）加工的茶叶。

（2）贵州绿茶    DB 52/T442.1—2017《贵州绿茶    第1部分：基本要求》，由贵州省质量技术监督局于2017年08月18日发布，2018年01月18日实施。贵州绿茶（Guizhou green tea）的定义为：以贵州省境内生长的中小叶种茶树或适制绿茶的大叶种茶树鲜叶为原料，通过杀青、做形、干燥等工序加工而成的，具有"香高郁、味醇爽"的地域品质特征的绿茶。即贵州绿茶产品感官品质应具有"香高、郁、长，味醇、爽、厚"的高原茶品质特征。近年来，贵州已经调整名优绿茶和大宗绿茶的生产比例，逐渐向优质出口外贸绿茶方面发展。其通用理化指标可见表3-2。

表3-2    贵州绿茶通用理化指标

| 项目 | 指标 |
| --- | --- |
| 水分（质量分数）/% | ≤7.0 |
| 水浸出物（质量分数）/% | ≥38.0 |
| 总灰分（质量分数）/% | ≤7.0 |
| 碎末茶（质量分数）/% | ≤6.0 |
| 粗纤维（质量分数）/% | ≤16.0 |

①产品类别：根据加工工艺的不同，贵州绿茶分为炒青绿茶、烘青绿茶、蒸青绿茶。按产品基本外形分为有卷曲形、扁形、颗粒形、直条形。

②感官品质：外形黄绿、香气纯正、滋味纯和、汤色黄绿、叶底黄绿，应具备相应的品质风格。

## （三）实训准备

（1）手工电炒锅（图3-1） 两组开关，功率3000W。

（2）制茶辅助用具 竹匾、小扫帚、制茶油、棉纸、砂纸等。

（3）一芽二叶鲜叶若干。

（4）100型茶叶炒干机（图3-2）。

图3-1 手工电炒锅

图3-2 100型瓶式炒干机

## （四）实训步骤

（1）打开电炒锅加热到160℃，每锅投入鲜叶250g杀青，3~5min后为适度。

（2）杀青叶出锅摊晾30min，集中放置回软。

（3）在竹匾中揉捻30~60min，90%成条后解块放置。

（4）将电炒锅加热到80~90℃，投入揉捻叶进行初干（毛火），热揉收紧条索，七成干后出锅。

（5）毛火叶出锅摊晾30min，集中放置。

（6）将电炒锅加热到60~70℃，投入毛火叶进行足干（足火），收紧条索，九成干后出锅。

（7）将电炒锅加热到100~110℃，投入足火叶进行提香，20~30s后出锅放置。

## （五）注意事项

（1）电炒锅打开电源前要进行漏电检查，强调用电安全。

（2）杀青、干燥过程中因为有高温，强调操作中的正确手势和安全保护，防止烫伤。

（3）提香过程注意锅温不要太高，茶叶在锅中翻动要迅速，用手体会干茶的温度和水分，控制干燥程度。

（4）看茶制茶，根据鲜叶状态注意各加工工序技术的合理运用。

## （六）结果与讨论

（1）观察炒青绿茶加工成品，记录各项品质特征，填入表3-3。

表3-3    炒青绿茶品质特征记录表

| 外形 | 内质 | | | | 备注 |
|---|---|---|---|---|---|
| 特征描绘 | 香气 | 滋味 | 滋味 | 叶底 | |
| | | | | | |

（2）讨论炒青绿茶加工中各项技术如何合理运用。

### ✎ 思考题

1. 贵州炒青绿茶的品质特征主要体现在哪些方面？
2. 现代制茶中，炒青技术可以改进的方面有哪些？

# 实训十二    烘青绿茶加工

## （一）实训目的

通过此实训，了解烘青绿茶的加工原理，掌握手工烘青绿茶的基本加工工艺和加工技能。

## （二）相关知识

在制绿茶的干燥过程中直接烘干的茶叶，为烘青或烘青毛茶。特点是外形完整稍弯曲、锋苗显露、干色墨绿、香清味醇、汤色叶底黄绿明亮。一般烘青绿茶有以下几个共性特征。

（1）香气 香气浓郁，沉闷且有烘烤过的味道。

（2）汤色 汤色品质与最后一次干燥有关。干燥温度过高，汤色清亮泛绿；温度稍低，汤色微黄，但清澈度降低。

（3）叶底 叶底色泽统一，泛翠绿鲜嫩。

烘青绿茶有清香味，且干色泽一般表现为绿色，因为干燥到位，白毫较显，一般拿上手会看见白毫四散，飘在空中。但条索略粗松，因为制茶过程中如果揉捻过重、过长，则会出现黑条，干茶有明显的火烘味，香气较锐，冲泡后一般的茶汤会表现为黄绿色，或嫩绿色，翠绿色。滋味鲜爽，回甘，但不耐泡，叶底香气一般不持久，因为高温烘焙后，部分香气物质如芳香类会挥发，所以香气不持久，叶底表现为嫩绿，或绿亮，不会显褐色。如烘青工艺是为提香所为，适宜鲜饮，不宜长期存放。

烘青绿茶经精制后称花茶级坯，分1~6级和片茶。审评要点为：1~2级坯，细紧有苗锋，不带梗；3~4级坯尚紧结，稍有茶嫩梗；5~6级坯，较空松，有茶梗，色泽枯暗。

烘青绿茶产区分布较广，产量仅次于眉茶。以安徽、浙江、福建三省产量较多，其他产茶省也有少量生产。烘青除部分在市场上销售的素烘青外，大部分是用来窨制花茶的，如茉莉花、白兰花、玳玳花、珠兰花茶、金银花、槐花等。销路很广（东北、郑州、北京、西安、山东），茶价很高，深受国内外饮茶者喜爱。

烘青干燥工序，分为毛火烘焙和足火烘焙两种，现分述如下。

毛火烘焙采用高温薄摊，快速烘干法。温度80~90℃，每笼摊叶1.5~2kg，均匀摊在烘笼口，中心较厚，四周稍薄，叶摊好后，再置于火炉上。每隔3~4min翻一次，手离摊叶5cm处有热感，感到有温度，将烘笼取下，置于竹盖上，以免茶未落入火炉，产生烟味，影响茶叶质量，烘约15min，达六七成干，茶叶稍硬有触手感觉，即可起烘摊晾0.5h。

足火烘焙采用低温慢烘法。温度70℃左右，每笼摊叶2~2.5kg，每隔10min翻拌一次（翻拌方法同毛火一样，手势要轻），当手揉茶叶成粉末时，即可下烘，足火烘焙，历时60min左右。

较大的茶厂，一般都采用自动烘干机或手拉的烘干机（图3-3），烘干效率较高，一般能达到5kg/h。毛火的进风温度控制在100~200℃。摊叶厚1~2cm，时间

10~15min。毛火下叶摊晾，回潮半小时后再呈火烘焙。呈火温度在90~100℃，约经15min，即达干燥程度。烘青烘干最后易导致烟气、焦气，因此火功不能偏高。用烘干机烘干，热风炉不能漏烟。用烘笼烘茶，要用优质木炭。必须拣净"柴头"防止燃烧冒烟。火力要求均匀，切忌明火上帘。下焙茶时，操作宜轻，防止碎茶落入火炉中产生烟气。不论机械烘干或烘笼烘干，都要正确掌握火温和茶叶干燥程度，防止焦茶或火功偏高。

本实训采用碧螺春圆盘式烘焙机手工烘干茶叶（图3-4）。

图3-3    茶叶链板式连续烘干机

图3-4    在圆斗烘焙机上烘制茶叶场景

## （三）实训准备

（1）手工电炒锅    2挡，功率3000W。

（2）圆盘式碧螺春电热烘干机    单斗或其他型号。

（3）制茶辅助用具    竹匾、小扫帚、制茶油、棉纸、砂纸等。

（4）一芽二叶鲜叶若干。

## （四）实训步骤

（1）打开电炒锅加热到160℃，每锅投入鲜叶250g杀青，3~5min后适度。

（2）杀青叶出锅摊晾30min，集中放置回软。

（3）在竹匾中进行揉捻30~60min，90%成条后解块放置。

（4）将圆盘式电热烘干机加热到100~110℃，放入揉捻叶进行初干（毛火），翻动茶叶抖去水分，七成干后出锅。

（5）毛火叶出锅摊晾30min，集中放置。

（6）将圆盘式电热烘干机加热到60~80℃，放入毛火叶进行足干（足火），轻轻翻动适当做形，九成干后出锅。

（7）将圆盘式电热烘干机加热到120℃，放入足火叶满斗加热进行提香，20~30s后出锅放置。

## （五）注意事项

（1）电炒锅和圆盘式电热烘干机打开电源前要进行漏电检查，强调用电安全。

（2）杀青、干燥过程中因为有高温，强调操作中的正确手势和安全保护，防止烫伤。

（3）提香过程注意圆斗温度保持恒定，茶叶在圆斗中装满，轻轻迅速翻动，用手体会干茶的温度和水分，控制干燥程度。

（4）看茶制茶，根据鲜叶状态注意各加工工序技术的合理运用。

## （六）结果与讨论

（1）观察烘青绿茶加工成品，记录各项品质特征，填入表3-4。

表3-4 烘青绿茶品质特征记录表

| 外形 | 内质 | | | | 备注 |
|---|---|---|---|---|---|
| 特征描绘 | 香气 | 滋味 | 滋味 | 叶底 | |
| | | | | | |

（2）讨论烘青绿茶加工中各项技术如何合理运用。

### 🖉 思考题

1. 烘青绿茶对绿茶品质的影响主要体现在哪些方面？
2. 现代制茶技术中，烘青技术可以改进的方面有哪些？

## 实训十三　蒸青绿茶加工

### （一）实训目的

通过实训，了解蒸青绿茶的加工原理，掌握手工蒸青绿茶的基本加工工艺和加工技能。

### （二）相关知识

蒸青绿茶是指利用蒸汽来杀青的制茶工艺而获得的成品绿茶。蒸青绿茶的故乡是中国。它是中国古代劳动人民最早发明的一种茶类，比炒青的历史更悠久。据"茶圣"陆羽《茶经》中记载，其制法为："晴，采之。蒸之，捣之，拍之，焙之，穿之，封之，茶之干矣。"即采来的新鲜茶叶，经蒸青或轻煮"捞青"软化后揉捻、干燥、碾压、造形而成。

蒸青绿茶的新工艺保留了较多的叶绿素、蛋白质、氨基酸、芳香物质等内含物，形成了"三绿一爽"的品质特征，即色泽翠绿，汤色嫩绿，叶底青绿；茶汤滋味鲜爽甘醇，带有海藻味的绿豆香或板栗香。由于炒青绿茶居多，湖北恩施玉露、仙人掌茶等是仅存不多的蒸青绿茶品种。据考证，南宋咸淳年间，日本高僧大广心禅师到浙江余杭径山寺研究佛学，将径山寺的"茶宴"和"抹茶"制法带到了日本，日本的蒸青绿茶由此发轫。日本的蒸青茶，除了抹茶外，还有玉露、煎茶、碾茶（图3-5）、番茶等。由于蒸汽杀青温度高、时间短，叶绿素破坏较少，加上整个制作过程没有闷压，所以蒸青茶的叶色、汤色、叶底都特别绿。南宋时

**图3-5　蒸青碾茶**

出现的佛家茶仪中所使用的即是蒸青的一种"抹茶"。当时浙江余杭径山寺的径山茶宴，经来访的日本僧人的归国传播，启发了日本"茶道"的兴起。至今日式"茶道"所用仍是蒸青绿茶。

恩施玉露的传统加工工艺为蒸青、扇干水气、铲头毛火、揉捻、铲二毛火、整形上光（手法为搂、搓、端、扎）、拣选七大步骤。

（1）折叠蒸青　折叠蒸青是利用蒸汽高温破坏酶的活力，制止多酚类的氧化，以形成玉露外形、茶汤、叶底特有绿色。此工艺要求高温、薄摊、短时、快速。

（2）折叠扇干水气　扇干水气骤降叶温是形成玉露特有香味的重要措施。

（3）折叠铲头毛火　铲头毛火，又称抖水气，是将扇干水气的茶叶放在120℃左右的焙炉上，要求进一步蒸发水分，并达到叶色油绿，梗脉略黄且出现"鸡皮皱纹"，芽梢显白毫，手握不粘也不成团的程度，即"散子"。铲时两个人相对站立密切配合，动作协调，两掌微弯曲，掌心相对，将茶叶如捧球一样，左右来回推揉翻动。

（4）折叠揉捻　揉捻与其他茶类一样，目的在于卷紧条索，为形成玉露茶紧、细、圆、直、光的外形奠定基础，唯程度较其他茶类略轻，细胞破坏达45%左右，其手法分为"巡转揉"和"对揉"。

（5）折叠铲二毛火　铲二毛火目的在于继续蒸发水分，初步整理茶叶形状，为整形上光奠定基础。用铲的手法完成，手法与头毛火相同，唯活动更为敏捷，扫叶更勤，以叶色泽油黑、滋润光滑，梗呈黄绿色，手捏柔软而不刺手为度。

（6）折叠整形上光　整形上光，又称搓条上光，它是形成玉露紧细、圆整、挺直、光滑的关键。全过程分为两个阶段，采用五大手法完成。两个阶段、五大手法是有机联系统一不可分割的，操作应注意两个阶段、五大手法的联合运用。

①第一阶段：采用悬手搓的手法，把0.8～1kg的铲二毛火叶放在70～80℃的焙炉上，具体操作是两手手心相对，大拇指朝上翘起，四指并拢微弯，构成圆筒状，捧起茶叶离炉面16.5～20cm搓制，如此反复，待搓到茶条呈圆柱状，色泽油绿，约七分干时即进入下一阶段。

②第二阶段：目的在于蒸干恩施玉露水分、固定外形。采用搂、搓、端、抽（或扎）四大手法，更换交替，直到干燥为止。

"搂"是紧接第一阶段悬手搓的方法进行的，具体做法是两手相对提起，手腕略向外弯曲，两手如捞机制面条一样，把茶条搂拢，并稍用力。克箍茶条，使少量茶叶从虎口和小指边角吐出，以理顺茶条，做成"茶墩"。"茶墩"高6.6～10cm，便于搓制。

"搓"是在搂的基础上连贯使用的。四指第一节微弯曲成钩状，压在炉面少量茶叶上固定不动，与炉面形成70°～80°角，右手顺势将理顺的"茶墩"带上左手手掌，大拇指跷起，四指并拢，向右前方搓出，使茶叶随手滚动向前，约1/5的茶条从虎口和小指边泻涌而出，当搓至右掌心达弯曲的左指尖相对时，复用搂法做墩换手搓，如此反复，左右交替。

"端"是整理茶墩，换手搓茶的手段，其操作时紧接搓法，顺手合抱茶墩，借势端转茶墩，以使茶墩内部疏松，茶条理顺后，换手继续搓茶。

"抽"或称扎，在茶叶较长或条子欠直的情况下，于搂、搓、端交替之间，两手虎口相对，握住茶墩正中，以手臂为支点，向下用力抽扎茶墩，使茶条抽直，身骨较长的能扎短，以便做得更直。

第二阶段四大手法连续采用，不可分割。两手交替，一搂一搓一端，间或采用抽扎的手法，反复搓制，直到茶叶条索紧细、圆整、挺直、光滑呈鲜绿豆色时，从茶墩中抽出少许茶条冷却后，手折即断，干燥适度即可，整个整形上光过程为70~80min。

（7）折叠拣选　拣选是按玉露品级规格的要求，选出黄片、梗、果及非茶杂物等，然后分级包装贮藏。

## （三）实训准备

（1）电热蒸锅（图3-6）　功率3000W。

**图3-6　茶叶蒸汽杀青机**

（2）圆盘式电热烘干机　单斗或其他。

（3）制茶辅助用具　竹匾、小扫帚、制茶油、棉纸、砂纸等。

（4）叶质厚实的一芽三叶鲜叶若干（有条件可采用覆盖生长的鲜叶）。

## （四）实训步骤

（1）打开电热蒸锅烧水加热至水沸腾产生大量水蒸气，在蒸锅格上每锅投入鲜叶150～200g杀青，25～40s后适度。

（2）杀青叶出锅后在烘干机上以130～150℃热风脱水150～180s，集中放置回潮。

（3）在竹匾中进行揉捻30～60min，90%成条后解块放置。

（4）将烘干机加热到90～110℃，投入揉捻叶进行初干（毛火），轻轻翻动抖去水分，含水量降至45%～50%后出锅。

（5）毛火叶下烘干机摊晾整形30min，集中放置。

（6）将烘干机加热到60～80℃，投入毛火叶进行足干（足火），含水量降至5%后出锅。

## （五）注意事项

（1）电热蒸锅和烘干机打开电源前要进行漏电检查，强调用电安全。

（2）杀青、干燥过程中因为有高温，强调操作中的正确手势和安全保护，防止烫伤。

（3）蒸青过程注意水蒸气量要大，鲜叶在蒸锅格上要均匀薄摊，杀青时间不要太长，脱水过程散发水汽要透，防治蒸汽闷黄。

（4）看茶制茶，根据鲜叶状态注意各加工工序技术的合理运用。

## （六）结果与讨论

（1）观察蒸青绿茶加工成品，记录各项品质特征，填入表3-5。

表3-5　蒸青绿茶品质特征记录表

| 外形 | 内质 | | | | 备注 |
|---|---|---|---|---|---|
| 特征描绘 | 香气 | 滋味 | 滋味 | 叶底 | |
| | | | | | |

（2）讨论蒸青绿茶加工中各项技术如何合理运用。

---

📝 **思考题**

1. 蒸青绿茶对绿茶品质的影响主要体现在哪些方面？
2. 贵州发展蒸青绿茶的优势在哪里？

---

## 实训十四  卷曲形名优绿茶加工

### （一）实训目的

通过实训，了解卷曲形名优绿茶的做形加工原理，掌握手工卷曲形名优绿茶的基本加工工艺和加工技能。

### （二）相关知识

（1）贵州卷曲形名优绿茶加工方法  贵州卷曲形名优绿茶是模仿碧螺春工艺所制，其典型代表茶有都匀毛尖（图3-7）、安顺瀑布毛峰、梵净翠峰等。外形特

图3-7  都匀毛尖茶

点是条索紧细、卷曲（或弯形），尚未紧卷成螺形，一般在烘干时进行手工搓团做形处理。

鲜叶选择上一般采用本地小叶品种或者福鼎大白茶品种的单芽、一芽一叶初展至一芽二叶早春嫩叶或者初秋茶嫩叶；芽叶节间较短，长度一般小于3cm，匀整度好；芽叶上以带有毫毛为好。

杀青为常规名优绿茶工艺，多采用滚筒杀青机，机型为40～100型均有；揉捻使用35～45型揉捻机，干燥环节一般采用碧螺春圆盘式烘干机，有单斗、双斗和多斗的机型，加热方式有直热式鼓风、锅炉间热式鼓风，热源有煤柴式、电热式。干燥环节兼顾手工搓团做形、提香工序，贵州各地搓揉手法不同形成螺形、较紧卷形、弯曲形等外形。

做形方法是在圆盘式5斗烘干机温度升至100～110℃时，投入揉捻叶，干燥过程中注意温度和风力的调节，不能温度过高或者风力过大导致干燥太快使茶条过早定形，无法搓团；每斗摊叶厚度3～4cm，用手回旋翻动，时而抖散，散发茶叶水分烘到茶条逐渐变成深绿色、墨绿色，黏性变小不粘手时（这时含水量为30%～40%）出烘斗摊晾，时间视干燥程度而定，一般在20min左右；将烘干机温度降至70～80℃；这时用双手抓茶合拢握茶于掌中，运用掌力向一个方向搓揉，逐渐收拢成团，用力的原则是轻—重—轻，然后将茶团放置在斗盘上烘干定形；继续搓揉下一个茶团，将烘斗中茶叶全部搓揉完备后，再统一一个个解块揉散；重复搓揉成团，定型解块这个过程，反复几次，直至茶条紧结弯曲。揉团一开始需要稍微用力，随着茶叶水分的降低不结块时，再逐渐用力，等茶条紧结弯曲、含水量在20%左右时，要逐渐减轻用力。最后将烘干机降至50～60℃，进行提毫处理。提毫时将茶条置于手中，轻轻向同一方向旋转，让茶条之间相互摩擦，使白毫显露出来，反复待茶叶达到九成干时，下机摊晾等待提香处理。

（2）贵州卷曲形茶标准　DB 52/T442.2—2017《贵州绿茶　第2部分：卷曲形茶》，由贵州省质量技术监督局于2017年8月18日发布，2018年1月18日实施。贵州绿茶卷曲形茶（Guizhou green tea Curly tea）以贵州省境内生长的中小叶种茶树或适制绿茶的大叶种茶树鲜叶为原料，按DB52/T 634—2010《贵州绿茶　卷曲形茶加工技术规程》加工而成的卷曲形绿茶。

①分级：

a. 有毫型。条索卷曲有毫，产品等级分为特级、一级、二级。

b. 无毫型。条索卷曲无毫，产品等级分为特级、一级、二级。

②感官品质：应符合表3-6的规定。

表3-6　贵州绿茶卷曲形茶感官品质特征

| 级别 | 外形 | 内质 | | | |
|---|---|---|---|---|---|
| | | 香气 | 汤色 | 滋味 | 叶底 |
| 特级 | 卷曲紧结、绿润 | 嫩香持久 | 嫩绿明亮 | 鲜醇回甘 | 嫩绿、匀明亮 |
| 一级 | 卷曲紧实、尚绿润 | 香高 | 黄绿亮 | 醇尚鲜 | 绿黄明亮 |
| 二级 | 卷曲较紧实、黄绿润 | 纯正 | 黄绿较亮 | 醇尚厚 | 绿黄明亮 |

③理化指标：应符合表3-7的规定。

表3-7　理化指标

| 项目 | | 指标 | | |
|---|---|---|---|---|
| | | 特级 | 一级 | 二级 |
| 水分（质量分数）/% | ≤ | 6.5 | 6.5 | 7.0 |
| 水浸出物（质量分数）/% | ≥ | 40.0 | 40.0 | 38.0 |
| 总灰分（质量分数）/% | ≤ | 6.5 | 6.5 | 7.0 |
| 碎末茶（质量分数）/% | ≤ | 6.0 | 6.0 | 6.0 |
| 粗纤维（质量分数）/% | ≤ | 15.0 | 15.0 | 16.0 |

## （三）实训准备

（1）五斗圆盘式烘干机　电加热式。
（2）制茶辅助用具　竹匾、小扫帚等。
（3）已经制备好的揉捻叶若干（图3-8）。

## （四）实训步骤

（1）打开五斗圆盘式烘干机加热到110℃，每斗投入揉捻叶1000g。

图3-8　揉捻搓团场景

（2）用手反复翻动、辅助抖动烘干至含水量30%～40%，此时茶条颜色变成深绿，手捏茶条表面水分干燥不粘手，茶条尚未到达轻微刺手状态，可以起锅摊晾回软15～20min。

（3）将五斗圆盘式烘干机降低温度到70～80℃，放入摊凉后的茶条进行搓团处理，做形至茶条紧结卷曲时出锅摊凉，进入下一步处理。

（4）将五斗圆盘式烘干机降低温度到50～60℃，进行提毫处理，待茶叶达到九成干时，下机摊凉。

（5）最后干燥提香至足干，含水量达到5%下机。

## （五）注意事项

（1）五斗圆盘式烘干机打开电源前要进行漏电检查，强调用电安全。

（2）干燥过程中因为有高温，强调操作中的正确手势和安全保护，防止烫伤。

（3）烘斗温度、风力灵活调节，以揉捻叶均匀散水为宜。

（4）搓团做形过程中注意手搓的压力，轻重适宜，防止断碎，烘干机温度不要太高，防止茶叶水分挥发过快，做形不够，用手体会干茶的温度和水分，控制干燥和做形程度。

## （六）结果与讨论

（1）重点观察卷曲形名优绿茶的加工成品的外形特征，记录各项品质特征，填入表3-8。

表3-8 卷曲形名优绿茶品质特征记录表

| 外形 | 内质 | | | | 备注 |
|------|------|------|------|------|------|
| 特征描绘 | 香气 | 滋味 | 滋味 | 叶底 | |
| | | | | | |

（2）讨论卷曲形名优绿茶加工中各项技术如何合理运用。

> 📖 思考题
>
> 1. 贵州卷曲形名优绿茶外形制作有什么可以改进的方面？
> 2. 贵州原料制作卷曲形名优绿茶的优势有哪些？

# 实训十五　扁形绿茶加工

## （一）实训目的

通过实训，了解扁形绿茶的加工原理，掌握手工扁形绿茶的基本加工工艺和加工技能。

## （二）相关知识

（1）贵州扁形茶加工方法　贵州扁形茶的代表为湄潭翠芽（图3-9），下面以湄潭翠芽的手工工艺流程为例介绍。

图3-9　湄潭翠芽干茶样品

湄潭翠芽的炒制工艺主要分杀青、摊凉、二炒、摊凉、辉锅五道工序，炒作手法多达十几种，根据鲜叶老嫩、含水量高低来灵活变换。湄潭翠芽制作工艺讲究，既吸取了西湖龙井茶的炒制方法，又有其独特之处。

①采摘标准：湄潭翠芽于清明前后开采，以明前茶品质最佳。以手摘法为主，主要是打头采摘、留叶采摘、留鱼叶采摘几种采摘形式。采回的芽叶必须分级摊放在通风阴凉处，摊放厚度为每平方米1~1.2kg，失水量8%左右。一般历时3~5h。

②杀青标准：锅温105~125℃，投入200~300g摊放叶。特级、1级翠片杀青过程历时10~11min，二三级翠片历时16~17min。杀青方法：用抖、带手势至叶质柔软。降低锅温至70℃左右，采用搭、带、抖、拉、拓手势，边拉扣理条

边拓，并结合抖、带、搭手法。用力由轻到重，将芽叶拉直、搭平、拓紧。当杀青叶含水量达60%左右，茶香显露，茶条平伏，即可起锅。杀青叶摊放在双层白纸垫底的簸盘内摊凉散热，使水分重新分布均匀，便于二炒。摊晾时间50min左右。

③二炒标准：锅温60～70℃，投入300～400g摊凉。二炒方法：先用抓、抖、拓手势，当茶叶转软，有热手感时，换用拉、带、拓、推、磨手法，最后用推、磨为主的手势，将茶叶推直、磨光、磨平。当锅内发出沙沙响声，起锅摊凉。历时15～20min。经30～40min摊晾回潮，用簸扬去轻片，6孔筛割去碎末。

④辉锅标准：锅温50℃左右，投入250～300g二炒摊凉叶。辉锅方法：先采用抓、抖手势，后用拉、推、磨、压手势，将茶叶贴紧锅壁，往返摩擦，尽量将茶叶磨光压平。当茶叶将达足干时，动作应轻巧，轻抓、轻磨、轻推，使外形扁平光滑，茸毫隐藏稀见，含水量4%左右，手一触即断，一捻即为粉末，起锅摊凉。

最后，筛分整形，簸去黄片、鱼叶、老叶，筛去碎末及其他夹杂物，分级归堆，包装贮藏，严防受潮。通常，制500g特级翠片需采5万个以上芽头。一级翠片约需4万个芽头。成品外形扁平光滑，形似葵花籽，隐毫稀见，色泽绿翠，香气清芬悦鼻，粟香浓并伴有新鲜花香。

（2）贵州扁形绿茶标准　DB 52/T442.3—2017《贵州绿茶第3部分：扁形茶》。贵州绿茶扁形茶（Guizhou green tea Flat tea）以贵州省境内生长的中小叶种茶树或适制绿茶大叶种茶树鲜叶为原料，按照DB 52/T 636—2010《贵州绿茶　扁形茶加工技术规程》加工而成的扁形绿茶。

①分级：扁形茶分为特级、一级、二级。

②感官品质：应符合表3-9的规定。

表3-9　贵州绿茶扁形茶感官品质要求

| 级别 | 外形 | 内质 | | | |
|---|---|---|---|---|---|
| | | 香气 | 汤色 | 滋味 | 叶底 |
| 特级 | 扁直、匀整、绿润 | 香高持久 | 黄绿明亮 | 鲜爽 | 黄绿亮、匀整 |
| 一级 | 扁直、较匀整、绿润 | 香气较持久 | 黄绿较亮 | 鲜醇 | 黄绿、较匀整 |
| 二级 | 扁直、尚匀整、黄绿尚润 | 纯正 | 黄绿 | 醇正 | 黄绿、尚匀整 |

③理化指标：应符合表3-10的规定。

表3-10  贵州绿茶扁形茶理化指标

| 项目 | | 指标 | | |
|---|---|---|---|---|
| | | 特级 | 一级 | 二级 |
| 水分（质量分数）/% | ≤ | 6.5 | 6.5 | 7.0 |
| 水浸出物（质量分数）/% | ≥ | 40.0 | 40.0 | 38.0 |
| 总灰分（质量分数）/% | ≤ | 6.5 | 6.5 | 7.0 |
| 碎末茶（质量分数）/% | ≤ | 6.0 | 6.0 | 6.0 |
| 粗纤维（质量分数）/% | ≤ | 15.0 | 15.0 | 16.0 |

## （三）实训准备

（1）手工电炒锅　两挡，功率3000W。
（2）理条机（图3-10）。
（3）制茶辅助用具　竹匾、小扫帚、制茶油、棉纸、砂纸等。
（4）壮实的单芽标准鲜叶若干。

图3-10　加工扁形茶的理条机应用场景

### （四）实训步骤

（1）打开电炒锅加热到130℃，每锅投入鲜叶200g杀青，杀青使用龙井茶手法，6～10min适度后出锅。

（2）杀青叶出锅摊晾30min，集中放置回软。

（3）将电炒锅加热到90～110℃，投入杀青叶进行二青，采用龙井茶抛、抖的手法快速除去水分，含水量降低到五点五至六成干时出锅摊凉，进入下一步。

（4）将电炒锅降低温度到60～80℃，将二青叶在锅中进行理条、压扁做形，结合干燥，反复操作，含水量降低至八至八点五成干时出锅摊凉，进入下一步。

（5）将电炒锅降低温度到40～60℃，将干燥叶放入锅中，采用龙井茶磨的手法进行辉锅处理，足干至水分5%后出锅。如采用湄潭翠芽工艺，在辉锅时注意控制温度，低温脱毫处理，保持干茶绿色。

### （五）注意事项

（1）电炒锅打开电源前要进行漏电检查，强调用电安全。

（2）杀青、干燥过程中因为涉及高温，强调操作中的正确手势和安全保护，防止烫伤。

（3）理条做形过程中注意压茶的压力，轻重适宜，防止断碎，锅温不要太高，防止茶叶水分挥发过快，做形不够，用手体会干茶的温度和水分，控制干燥和做形程度。

（4）看茶制茶，根据鲜叶状态注意各加工工序技术的合理运用。

（5）注意龙井茶与湄潭翠芽在脱毫技术上的差异。

### （六）结果与讨论

（1）重点观察扁形绿茶成品的外形特征，记录各项品质特征，并填入表3-11。

表3-11　扁形绿茶品质特征记录表

| 外形 | 内质 | | | | 备注 |
|---|---|---|---|---|---|
| 特征描绘 | 香气 | 滋味 | 滋味 | 叶底 | |
| | | | | | |

（2）讨论扁形绿茶加工中各项技术如何合理运用。

---

### 📝 思考题

1. 贵州扁形绿茶外形制作有什么可以改进的方面？
2. 龙井茶和湄潭翠芽的制作工艺异同点是什么？

---

## 实训十六　圆（珠）形绿茶加工

### （一）实训目的

通过实训，了解圆（珠）形绿茶的加工原理，掌握圆（珠）形绿茶的基本加工工艺和加工技能。

### （二）相关知识

（1）贵州圆（珠）形绿茶加工方法　贵州圆（珠）形绿茶以产于遵义的绿宝石茶（图3-11）为代表，其他地区还有高原茗珠、瀑珠茶等。原料采用一芽二三

**图3-11　绿宝石干茶样品**

叶，干茶呈盘花形状，颗粒紧实，色泽绿润，冲泡后茶叶自然舒展成朵，嫩绿鲜活，栗香浓郁，汤色黄绿明亮，滋味鲜爽醇厚，冲泡七次犹有茶香，享有"七泡好茶"的美誉。其加工技术要求如下。

①摊青：

a. 茶青摊放于清洁卫生、设施完好的摊青槽中，不得直接摊放在地面。按不同品种、长度的茶青分开摊放，倒入槽内后需将茶青抖散，使其呈疏松状态。摊放厚度为10～30cm，摊放时间根据天气及茶青情况灵活掌握。室温低于15℃时开启风机辅助排湿，室温高于15℃时自然摊放，叶温高于25℃时开启风机辅助降温。

b. 摊青程度以芽叶萎软、色泽暗绿、无硬脆感、青草气消失、略显清香、摊青叶含水量降至70%左右为宜。

②杀青：杀青适度时叶色由鲜绿转为暗绿，叶质变软，手捏成团，稍有弹性，无生青、焦边、煳叶，清香显露，还要做到杀青"三不要"：不要红叶红梗、不要焦煳气味、不要水闷气味，含水量60%左右。

③摊晾回潮：杀青叶冷却后摊晾回潮至茶坯完全回软，手握茶坯柔软又有韧性时进行揉捻工序。

④揉捻：采取"轻揉、慢速、短揉"的揉捻方式。揉捻的量以装满揉筒并用手稍压紧为适度，要将揉盖调到能接触揉捻叶为适度，揉捻转速为33～35r/min，揉捻时间为15～20min，到揉捻叶成条率达95%以上停止揉捻，保持揉捻叶的完整。

⑤脱水：脱水要求高温快速。

⑥摊晾回潮。

⑦造型：造型在曲毫机中进行，通过炒坯、第一次并锅和第二次并锅来完成造型。

⑧干燥：干燥以烘为主。

（2）贵州颗粒形绿茶标准 DB 52/T442.2—2017《贵州绿茶 第4部分：颗粒形茶》由贵州省质量技术监督局于2017年8月18日发布，2018年1月18日实施。贵州绿茶颗粒形茶（Guizhou green tea Pellet tea）是以贵州省境内生长的中小叶种茶树或适制绿茶的大叶种茶树鲜叶为原料，按照DB 52/T 638—2010《贵州绿茶 珠形茶加工技术规程》加工而成的颗粒形绿茶。

①分级：颗粒形绿茶分为特级、一级、二级3个等级。

②感官品质：应符合表3-12的规定。

表3-12　贵州绿茶颗粒形茶感官品质

| 级别 | 外形 | 内质 | | | |
|---|---|---|---|---|---|
| | | 香气 | 汤色 | 滋味 | 叶底 |
| 特级 | 颗粒状，匀整重实，绿润 | 香气浓郁 | 黄绿明亮 | 鲜浓 | 黄绿明亮，芽叶完整 |
| 一级 | 颗粒状，较匀整，绿较润 | 香气较浓 | 黄绿亮 | 醇厚 | 黄绿亮，芽叶较完整 |
| 二级 | 颗粒状，较匀整，较绿尚润 | 纯正 | 黄绿 | 醇正 | 黄绿，芽叶尚完整 |

③理化指标：应符合表3-13的规定。

表3-13　理化指标

| 项目 | | 指标 | | |
|---|---|---|---|---|
| | | 特级 | 一级 | 二级 |
| 水分（质量分数）/% | ≤ | 7.0 | 7.0 | 7.0 |
| 水浸出物（质量分数）/% | ≥ | 40.0 | 40.0 | 38.0 |
| 总灰分（质量分数）/% | ≤ | 6.5 | 7.0 | 7.0 |
| 碎末茶（质量分数）/% | ≤ | 6.0 | 6.0 | 6.0 |
| 粗纤维（质量分数）/% | ≤ | 15.0 | 15.0 | 16.0 |

## （三）实训准备

（1）双锅曲毫机（图3-12）1台，电热式。

图3-12　双锅曲毫机

（2）烘干机　1台连续自动烘干机或者手拉百叶烘干机。

（3）制茶辅助用具　竹匾、小扫帚等。

（4）一芽二三叶原料揉捻叶若干。

## （四）实训步骤

（1）用一芽二三叶原料制备好揉捻叶备用。

（2）揉捻叶在烘干机上进行脱水，脱水要求高温快速，温度130～150℃，时间120～150s。脱水叶黏性降低，手握茶坯成团，松手后可散开，色泽深绿，没有黄变叶，茶坯含水量为46%左右。

（3）下烘干机摊凉回潮，集中放置回软。

（4）炒坯　将脱水并摊凉回潮后的茶坯投入预热至80℃左右的曲毫机中，启动曲毫机，调到大幅挡位、设备运行速度约为110次/min，使茶坯在锅中能顺利翻转为宜，炒制时间约为30min。炒至芽叶卷曲状、色泽墨绿，稍显清香，含水量35%左右时，迅速下锅，短暂摊晾，搓散团块，筛去碎末。

（5）第一次并锅　将经过炒坯并筛去碎末的茶坯6～7kg投入到预热至70℃左右的曲毫机中，将设备运转速度降至90次/min，根据茶坯在锅中的翻转情况设定为大幅或小幅挡，炒制时间约为35min，至茶坯整体为墨绿色，清香明显，条索较结紧，茶坯含水量25%左右时，迅速下锅，短暂摊晾，筛去碎末。

（6）第二次并锅　将经过第一次并锅并筛去碎末的茶坯投入到预热至60℃左右的曲毫机中，投叶量为11～12kg，转速为60次/min左右，炒制时间约为45min，至颗粒紧结呈盘花状时，开启曲毫机热风机，至茶坯整体翠绿或墨绿油润，栗香显，含水量约为10%时下锅，摊凉，完成造型工序。

（7）干燥烘干温度为100～110℃，采用中速运行，茶叶在机内的运行时间为15 min左右为宜。要求烘匀、烘透、保绿，含水量5%～6%。冷却后，下机装袋。

## （五）注意事项

（1）双锅曲毫机、烘干机打开电源前要进行漏电检查，强调用电安全。

（2）干燥过程中因为涉及高温，强调操作中的正确手势和安全保护，防止烫伤。

（3）双锅曲毫机操作注意炒板翻动转速适当，并锅时的时机等，轻重适宜，防止断碎，锅温不要太高，防止茶叶水分挥发过快，做形不够，用手体会干茶的温度和水分，控制干燥和做形程度。

（4）看茶制茶，根据鲜叶状态注意各加工工序技术的合理运用。

## （六）结果与讨论

（1）重点观察圆（珠）形绿茶加工成品的外形特征，记录各项品质特征，填入表3-14。

表3-14　圆（珠）形绿茶品质特征记录表

| 外形 | 内质 | | | | 备注 |
|---|---|---|---|---|---|
| 特征描绘 | 香气 | 滋味 | 滋味 | 叶底 | |
| | | | | | |

（2）讨论圆（珠）形绿茶加工中各项技术如何合理运用。

---

### 思考题

1. 贵州圆（珠）形绿茶外形制作有什么可以改进的方面？
2. 绿宝石茶和传统珠茶的异同点是什么？

---

# 实训十七　直条（针）形绿茶加工

## （一）实训目的

通过实训，了解直条（针）形绿茶的加工原理，掌握手工直条（针）形绿茶的基本加工工艺和加工技能。

## （二）相关知识

（1）贵州直条茶加工方法　贵州直条茶是以遵义毛峰（图3-13）为代表，近年来各地区有少量直条（针）形名优绿茶，如采用四川竹叶青工艺，用理条机理条加工的一芽一二叶产品。

图3-13　遵义毛峰干茶

遵义毛峰茶产于遵义市湄潭县内，于每年清明节前后10~15d采摘，经过杀青、揉捻、干燥三道工序制成。遵义毛峰为绿茶类新创名茶，于1974年为纪念著名的遵义会议而创制，其独特的象征意义：条索圆直，锋苗显露，象征着中国工农红军战士大无畏的英雄气概；满披白毫，银光闪闪，象征遵义会议精神永放光芒；香高持久，象征红军烈士革命情操世代流芳。其主要特点：茶条紧细圆直翠润，白毫显露，嫩香持久，汤色浅绿明净，味清醇爽口。

遵义毛峰茶采于清明前后。采摘标准分三个级别，特级茶采摘标准为一芽一叶初展或全展，芽叶长度2~2.5cm；一级茶标准以一芽一叶为主，芽叶长度2.5~3.0cm；三级茶标准为一芽二叶，芽叶长度3~3.5cm。鲜叶进厂后经2~3h摊凉后再行炒制。

毛峰茶炒制技术精巧。工艺要点是"三保一高"，即一保色泽翠绿，二保茸毫显露且不离体，三保锋苗挺秀完整，一高是香高持久。具体工艺分杀青、揉捻、干燥三道工序。

①杀青和揉捻：杀青锅温掌握先高后低的原则。当锅温为120~140℃时，投入250~350g摊放叶。待芽叶杀透杀匀，不生不熟，失水35%左右时，起锅趁热揉捻，揉至茶叶基本成条，稍有粘手感即为适度。

②干燥：干燥是毛峰茶造形的关键工序，包括揉紧、搓圆、理直三个过程。达到蒸发水分、造形、提毫的目的。

锅温的控制，手势的灵活变换是确保成形提毫的重要技术措施。锅温先高后低，开始时锅温80℃左右，随水分的丧失，做形用力的加重，锅温逐渐降低。茶叶干度五成左右，锅温50℃左右是做形的最佳条件，抓紧这一有利时机，运用相应的手势，将茶叶理直、搓紧、搓圆。当茶条基本形成，有刺手感时，40℃左右的锅温，轻巧的翻动手势是显毫、保持芽叶挺秀完整、足干的技术要点。当茸毫显露，手捻茶叶即成粉末，起锅摊凉贮藏。

（2）贵州直条形茶标准　DB 52/T442.2—2017《贵州绿茶　第5部分：直条形茶》。贵州绿茶直条形茶（Guizhou green tea Straight tea）以贵州省境内生长的中小叶种茶树或适制绿茶大叶种茶树鲜叶为原料，按DB 52/T 635—2010《贵州绿茶　直条形毛峰茶加工技术规程》或DB 52/T 637—2010《贵州绿茶　贵州针茶加工技术规程》加工而成的直条形绿茶。

①分级：产品等级分为特级、一级、二级。

②感官品质：应符合表3-15的规定。

表3-15　贵州绿茶直条形茶感官品质要求

| 级别 | 外形 | 内质 | | | |
|------|------|------|------|------|------|
| | | 香气 | 汤色 | 滋味 | 叶底 |
| 特级 | 条索紧直、匀整、绿润 | 香高持久 | 黄绿明亮 | 鲜爽 | 绿明亮、匀整 |
| 一级 | 条索较紧直、较匀整、较绿润 | 尚持久 | 黄绿较亮 | 醇厚 | 黄绿较亮、较匀整 |
| 二级 | 条索尚直、尚匀整、尚绿润 | 纯正 | 黄绿 | 醇正 | 黄绿尚亮、尚匀整 |

③理化指标：应符合表3-16的规定。

表3-16　理化指标

| 项目 | | 指标 | | |
|------|------|------|------|------|
| | | 特级 | 一级 | 二级 |
| 水分（质量分数）/% | ≤ | 6.5 | 6.5 | 7.0 |
| 水浸出物（质量分数）/% | ≥ | 40.0 | 40.0 | 38.0 |
| 总灰分（质量分数）/% | ≤ | 6.5 | 6.5 | 7.0 |
| 碎末茶（质量分数）/% | ≤ | 6.0 | 6.0 | 6.0 |
| 粗纤维（质量分数）/% | ≤ | 15.0 | 15.0 | 16.0 |

（三）实训准备

（1）手工电炒锅（图3-14）两挡，功率3000W。

图3-14  手工理条场景

（2）制茶辅助用具  竹匾、小扫帚、制茶油、棉纸、砂纸等。

（3）一芽一叶鲜叶若干。

## （四）实训步骤

（1）打开电炒锅加热到160℃，每锅投入鲜叶200g杀青，3～5min后适度。

（2）杀青叶出锅摊晾30min，集中放置回软。

（3）在竹匾中进行揉捻30～60min，揉捻中注意采用直推来回搓揉方法，90%成条后解块放置。

（4）将电炒锅加热到90～110℃，投入揉捻叶进行二青，采用抛、抖的手法快速除去水分，五点五至六成干时出锅摊凉，进入下一步。

（5）将电炒锅降低温度到60～80℃，将二青叶在锅中进行理条做形，结合悬手搓条干燥，反复操作，九成干时出锅摊凉，进入下一步。

（6）将电炒锅降低温度到40～60℃，将锅底铺上棉纸，投入已经做形完备的干茶，进行足干至水分5%后出锅。

## （五）注意事项

（1）电炒锅打开电源前要进行漏电检查，强调用电安全。

（2）杀青、干燥过程中因为涉及高温，强调操作中的正确手势和安全保护，防止烫伤。

（3）悬手搓条做形过程中注意手搓的压力，轻重适宜，防止断碎，锅温不要太高，防止茶叶水分挥发过快，做形不够，用手体会干茶的温度和水分，控制干燥和做形程度。

（4）看茶制茶，根据鲜叶状态注意各加工工序技术的合理运用。

## （六）结果与讨论

（1）重点观察直条（针）形绿茶的加工成品的外形特征，记录各项品质特征，并填入表3-17。

表3-17　直条（针）形绿茶品质特征记录表

| 外形 | 内质 | | | | 备注 |
|---|---|---|---|---|---|
| 特征描绘 | 香气 | 滋味 | 滋味 | 叶底 | |
| | | | | | |

（2）讨论直条（针）形绿茶加工中各项技术如何合理运用。

---

### 🕮 思考题

1. 贵州直条（针）形绿茶外形制作有什么可以改进的方面？
2. 遵义毛峰和信阳毛尖在加工上的异同点是什么？

## 实训十八　传统工艺白茶加工

### （一）实训目的

通过实训，了解传统工艺白茶加工制作流程及各项技术参数，掌握传统工艺白茶加工技术和加工技能。

### （二）相关知识

贵州目前没有规模化生产白茶，但有小作坊少量试制产品，参考了福建白茶的制法工艺。

（1）白茶等级划分（GB/T 22291—2017《白茶》）

①白毫银针（Baihaoyinzhen）：以大白茶或水仙茶树品种的单芽为原料，经萎凋、干燥、拣剔等特定工艺过程制成的白茶产品。品质特征见表4-1，干茶外形见图4-1。

表4-1　白毫银针品质特征

| 等级 | 条索 | 整碎 | 净度 | 色泽 | 香气 | 滋味 | 汤色 | 叶底 |
|---|---|---|---|---|---|---|---|---|
| 特级 | 毫心多肥壮、叶背多茸毛 | 匀整 | 洁净 | 灰绿润 | 鲜嫩、纯爽、毫香显 | 清甜醇爽、毫味足 | 黄、清澈 | 芽心多，叶、张肥嫩明亮 |
| 一级 | 毫心较显、尚壮、叶张嫩 | 尚匀整 | 较洁净 | 灰绿尚润 | 尚鲜嫩、纯爽有毫香 | 较清甜、醇爽 | 尚黄、清澈 | 芽心较多、叶张嫩、尚明 |

续表

| 等级 | 条索 | 整碎 | 净度 | 色泽 | 香气 | 滋味 | 汤色 | 叶底 |
|---|---|---|---|---|---|---|---|---|
| 二级 | 毫心尚显、叶张尚嫩 | 尚匀 | 含少量、黄绿片 | 尚灰绿 | 浓纯、略有毫香 | 尚清甜、醇厚 | 橙黄 | 有芽心、叶张尚嫩、稍有红张 |
| 三级 | 叶缘略卷、有平展叶、破张叶 | 欠匀 | 稍夹黄片、腊片 | 灰绿稍暗 | 尚浓纯 | 尚厚 | 尚橙黄 | 叶张尚软有破张、红张稍多 |

②白牡丹（Baimudan）：以大白茶或水仙茶树品种的一芽一二叶为原料，经萎凋、干燥、拣剔等特定工艺过程制成的白茶产品。品质特征见表4-2，干茶外形见图4-2。

图4-1 白毫银针干茶样品

图4-2 白牡丹干茶样品

表4-2 白牡丹品质特征

| 等级 | 条索 | 整碎 | 净度 | 色泽 | 香气 | 滋味 | 汤色 | 叶底 |
|---|---|---|---|---|---|---|---|---|
| 特级 | 毫心多肥壮、叶背多茸毛 | 匀整 | 洁净 | 灰绿润 | 鲜嫩、纯爽、毫香显 | 清甜醇爽、毫味足 | 黄、清澈 | 芽心多、叶张肥嫩明亮 |
| 一级 | 毫心较显、尚壮、叶张嫩 | 尚匀整 | 较洁净 | 灰绿尚润 | 尚鲜嫩、纯爽有毫香 | 较清甜、醇爽 | 尚黄、清澈 | 芽心较多、叶张嫩，尚明 |

续表

| 等级 | 条索 | 整碎 | 净度 | 色泽 | 香气 | 滋味 | 汤色 | 叶底 |
|------|------|------|------|------|------|------|------|------|
| 二级 | 毫心尚显、叶张尚嫩 | 尚匀 | 含少量黄绿片 | 尚灰绿 | 浓纯、略有毫香 | 尚清甜、醇厚 | 橙黄 | 有芽心、叶张尚嫩、稍有红张 |
| 三级 | 叶缘略卷、有平展叶、破张叶 | 欠匀 | 稍夹黄片、腊片 | 灰绿稍暗 | 尚浓纯 | 尚厚 | 尚橙黄 | 叶张尚软有破张、红张稍多 |

③贡眉（Gongmei）：以群体种茶树品种的嫩梢为原料，经萎凋、干燥、拣剔等特定工艺过程制成的白茶产品。品质特征见表4-3，干茶外形见图4-3。

表4-3 贡眉品质特征

| 等级 | 条索 | 整碎 | 净度 | 色泽 | 香气 | 滋味 | 汤色 | 叶底 |
|------|------|------|------|------|------|------|------|------|
| 特级 | 叶态卷、有毫心 | 匀整 | 洁净 | 灰绿或墨绿 | 鲜嫩，有毫香 | 清甜醇爽 | 橙黄 | 有芽尖、叶张嫩亮 |
| 一级 | 叶态尚卷、毫尖尚显 | 较匀 | 较洁净 | 尚灰绿 | 鲜纯，有嫩香 | 醇厚尚爽 | 尚橙黄 | 稍有芽尖、叶张软尚亮 |
| 二级 | 叶态略卷稍展、有破张 | 尚匀 | 夹黄片、铁板片、少量腊片 | 灰绿稍暗、夹红 | 浓纯 | 浓厚 | 深黄 | 叶张较粗、稍摊、有红张 |
| 三级 | 叶张平展、破张多 | 欠匀 | 含鱼叶蜡片、较多 | 灰黄夹红稍葳 | 浓、稍粗 | 厚、稍粗 | 深黄微红 | 叶张粗杂、红张多 |

④寿眉（Shoumei）：以大白茶、水仙或群体种茶树品种的嫩梢或叶片为原料，经萎凋、干燥、拣剔等特定工艺过程制成的白茶产品。品质特征见表4-4，干茶外形见图4-4。

表4-4 寿眉品质特征

| 等级 | 条索 | 整碎 | 净度 | 色泽 | 香气 | 滋味 | 汤色 | 叶底 |
|------|------|------|------|------|------|------|------|------|
| 一级 | 叶态尚紧卷 | 较匀 | 较洁净 | 尚灰绿 | 纯 | 醇厚尚爽 | 尚橙黄 | 稍有芽尖、叶张软尚亮 |
| 二级 | 叶态略卷稍展、有破张 | 尚匀 | 夹黄片、铁板片、少量腊片 | 灰绿稍暗、夹红 | 浓纯 | 浓厚 | 深黄 | 叶张较粗、稍摊、有红张 |

图4-3　贡眉干茶样品

图4-4　寿眉干茶样品

（2）白茶理化指标（GB/T 22291—2017《白茶》）见表4-5。

表4-5　白茶理化指标

| 项目 | | 指标 |
| --- | --- | --- |
| 水分（质量分数）/% | < | 8.5 |
| 总灰分（质量分数）/% | < | 6.5 |
| 粉末（质量分数）/% | < | 1 |
| 水浸出物（质量分数）/% | > | 30 |

注：粉末含量为白牡丹、贡眉和寿眉的指标。

（3）白茶加工工艺

①萎凋：萎凋工艺可采用自然萎凋、复式萎凋、加温萎凋3种方式进行。

a. 自然萎凋。采用水筛摊凉萎凋。鲜叶萎凋摊凉须均匀不重叠，每平方米摊叶量控制300g左右。将水筛放置通风的凉青架上进行自然萎凋，不得翻动。萎凋历时35～45h，萎凋程度达八九成干（茶叶减重约80%）进行并筛继续萎凋。含水分高的鲜叶也可分两次进行，六成干时两筛并一筛，萎凋叶含组织水分在13%左右即可。高级白牡丹通常采用自然萎凋，并控制一定的温湿度。萎凋温度控制在18～25℃。

b. 复式萎凋。利用早晨、傍晚或日照辐射不强烈的条件下进行，一般日照时间15～20min，手触筛帘边缘有微热感时，即可将其移入室内萎凋。日照次数则根据萎凋程度而定，一般重复2～4次。为时共1～2h的日照处理。日照时间视室外温度而定，日照10min失水5%～6%，日照20min失水7%～11%，晒到鲜叶失去固有光泽，稍呈柔软状态即可转入室内。春茶前期即谷雨前后，鲜叶产量不旺，采用这种技术比较适宜（白毫银针多采用这种技术加工，并适当延长日晒时间或采取全日制的办法进行）。夏季气温高，阳光强烈，不宜用复式萎凋。

　　c. 加温萎凋。在通风的萎凋室内，用管道加热，温度控制在30℃左右，最高不要超过32℃，最低不低于20℃，相对湿度保持在65%~70%。一般加温萎凋总历时35~38h，萎凋叶摊放厚度10~15cm，萎凋35~45h后，在七八成干时进行四合一并筛，含水量高的萎凋叶可分两次并筛，即七成干并一次，八成干再并一次，萎凋直至适度方可下筛。加温萎凋方法多用于春季多雨天气，以及中低档白茶的处理。

　　②拣剔：白茶萎凋结束后，可进行拣剔，高中档白茶剔出蜡叶、红张、枝梗及非茶类夹杂物；低档白茶捡去非茶类夹杂物。拣剔时动作要轻，防止芽叶断碎以及叶张破碎而影响品质。

　　③烘焙（干燥）：烘焙作业主要作用是干燥水分。进行烘焙时，防止变色变质，提炼茶叶香气。少量生产可用手焙，大量生产则用机焙。

　　a. 手焙。茶经拣剔可以进行焙笼烘焙复火，降低茶叶含水量，发挥茶叶色、香、味，除去青气。烘焙时，温度掌握在70~80℃，时间15~20min，每笼摊叶量1~1.5kg。

　　b. 机烘。萎凋叶九成干后，可以进行机焙，先用慢速，历时20min，摊叶厚度4cm，温度80~90℃。烘至八成干后，高速用快速，历时10~11min，厚度不变，温度100~110℃。出机后进行摊放，使水分分布均匀，再用慢速历时20min，温度80~90℃，完成烘焙作业。

## （三）实训准备

　　（1）水筛、晾青架、风扇、烘干机。
　　（2）福鼎大白茶品种或者其他多毫茶树品种一芽一叶、一芽二叶茶青原料若干。

## （四）实训步骤

　　本实训采用复式萎凋方法加工传统工艺白茶。
　　（1）将鲜叶日照15~20min即可将其移入室内萎凋，重复2~4次。为时共1~2h的日照处理。
　　（2）萎凋结束后，捡去非茶类夹杂物。
　　（3）进行焙笼烘焙复火，温度掌握在70~80℃，时间15~20min，每笼摊叶量1~1.5kg。

（4）记录实训过程鲜叶的变化。

## （五）注意事项

（1）在萎凋和烘焙过程中，要翻动茶叶时，翻动动作要轻，以免芽叶断碎，茸毛脱落或损伤茶叶。

（2）提前根据贵州天气情况，计划选择适合实训的时间。

## （六）结果与讨论

（1）重点观察白茶加工过程中的外形变化特征，记录各项品质特征，填入表4-6。

表4-6    白茶品质特征记录表

| 外形 | 内质 | | | | 备注 |
|---|---|---|---|---|---|
| 特征描绘 | 香气 | 滋味 | 滋味 | 叶底 | |
|  |  |  |  |  |  |

（2）通过实训，总结传统工艺白茶制作经验，总结在贵州春季制作传统工艺白茶的加工技术。

### 思考题

1. 在贵州日光不充足的茶区或者没有日光时，如何进行萎凋作业？
2. 贵州研发白茶有无意义？

# 实训十九 新工艺白茶加工

## （一）实训目的

通过实训，了解新工艺白茶工艺特征及技术要领，学习加工制作新工艺白茶。掌握新工艺白茶加工技术和技能。

## （二）相关知识

新工艺白茶简称新白茶，是按白茶加工工艺，在萎凋后加入轻揉制成。原中国茶业公司福州分公司（现福建茶叶进出口有限责任公司）和福鼎有关茶厂为适应港澳地区市场的需要于1968年（或说1965年）研制的一个新产品，已远销欧盟及东南亚国家及日本等。

新工艺白茶初制技术有以下三大特点。

（1）轻萎凋 新白茶的外形（图4-5）相比传统白茶卷曲成条，因此需经揉捻，其萎凋程度要比传统白茶轻，这样才不易揉碎。其萎凋方法与传统白茶相同，可以采用自然萎凋、室内加温萎凋或萎凋槽加温萎凋。一般在正常气候条件下采用自然萎凋，萎凋程度易掌握，且成本低，品质好；低温阴雨天采用室内加温萎凋；气温低、多雨高湿情况下，生产周转不畅也可采用萎凋槽加温萎凋，但这种萎凋方法槽头槽尾的风量、温度不均，会导致失水不匀。为了均匀，萎凋过程需人工翻动，往往造成萎凋叶机械损伤引起红变，制成的新白茶有醉感，品质差，所以只有生产高峰期或连续雨天才采用。萎凋过程是鲜叶失水及内含物发生一系列生化变化的过程，鲜叶失水后，叶子变为柔软，富有弹性，为揉捻造形创造条件，同时鲜叶内含物质多酚类、糖类、蛋白质、氨基酸、果胶等发生一系列的变化，形成萎凋叶特有的"萎凋香"，为新白茶内质的形成创造良好的条件。萎凋程度主要以鲜叶失水程度为工艺指标，新白茶由于增加揉捻成形工序，所以萎凋程度要轻，含水适当的萎凋叶，一般失水26%～28%，不超过30%，柔软而有弹性，揉时不易断碎，成形好。感官鉴别萎凋叶色泽由翠绿转灰绿，茸毛发白，叶缘微卷，手握叶子有刺触感，青臭气消失，发出甜醇的"萎凋香"即为适度的征候。但萎凋历时与鲜叶的嫩度、气候、季节有关，一般自然萎凋需24～48h，室内加温萎凋16～18h，萎凋槽加温萎凋8～10h。从气候看，闷热低气压天气（即南风天）萎凋时间长，低温气爽的北风天萎凋时间则短；从嫩度与季节看，春茶嫩度好，叶张肥厚，鲜叶含水量高萎凋时间要长，秋夏茶嫩度差，叶张瘦薄含水量低萎凋历时可相对缩短。

（2）轻发酵　轻发酵是新白茶制作的第二大特点。将适度的萎调叶进行"堆积"，这就是新白茶的轻发酵作业，用以促进味浓香高（与传统白茶比较）品质风味的形成并为后续工序揉捻造形创造条件。堆积方法：将萎凋叶平铺于干燥洁净的地板上，不能压、踩、踏，堆积场所要求空气流通，堆积的厚度及历时视萎凋程度及天气情况有所变化，一般低温干燥天气堆叶厚20～30cm，历时3～4h；高温高湿的南风天堆叶薄些，为15～20cm，历时稍短，为2～3h。萎凋程度重，含水量低的叶子堆积历时要长些，而萎凋程度轻的堆积历时可适当缩短。堆积过程起了轻微发酵的作用，促进多酚类及其他成分在酶的作用下发生变化。通过堆积叶子色泽进一步转向深绿或墨绿，青臭气消除，发出特殊的糖香，同时梗叶脉中的水分重新分配，输向叶张，使萎凋叶变软富有弹性，为揉捻创造有利的条件。

（3）轻揉捻　揉捻是新白茶区别于传统白茶制作过程中独有的工序，其作用是形成新白茶特殊的外形及增强新白茶滋味的浓度。揉捻与其他茶类的揉捻有所不同，轻压、短揉是新白茶揉捻的特点。加压程度及揉捻时间长短与茶青的嫩度及季节有关。一般头春茶嫩度好的茶青轻压短3～5min，中等嫩度的茶青轻压揉5～10min，稍老一点的茶青加压揉10～15min，低档的夏秋茶则加压揉15～21min，总之随着嫩度的下降揉捻时间要相应延长，因为嫩度好的茶青经过萎凋，柔软性强易成形，而粗老叶纤维素硬化不易成形。揉捻后的茶叶进入烘干。其烘干的温度一般控制在100～120℃，烘干的目的是固定其品质，以达到曲卷成形、汤色杏黄、香味甜醇的新白茶品质特征。

新工艺白茶原料是选用一芽二三叶茶青，在传统白茶工艺中加轻揉捻，其外形叶张略有缩褶，呈半卷条形，色泽暗绿略带褐色。而冲泡之后的叶底所呈现的状态如图4-6所示，也与传统工艺制作的白茶不同。

图4-5　新工艺白茶（干茶）　　　　　图4-6　新工艺白茶（叶底）

## （三）实训准备

（1）水筛、晾青架、风扇、烘干机、35型揉捻机。

（2）福鼎大白茶品种或者其他多毫茶树品种一芽二叶、一芽三叶茶青原料若干。

## （四）实训步骤

（1）加温萎凋　在通风的萎凋室内，用管道加热，温度控制在30℃左右，最高不要超过32℃，最低不低于20℃，相对湿度保持在65%~70%。在贵州一般加温萎凋稍长，总历时24~36h，萎凋叶摊放厚度10~15min，在五成干时进行四合一并筛，萎凋直至适度方可下筛。

（2）堆积　将萎凋好的萎凋叶，堆积成高度40~50cm的茶堆。堆积2~4h，每隔40~50min，进行翻堆，翻堆2~3次。等待堆积叶颜色变深，叶张发软即可。

（3）轻揉　将堆积好的叶片，放入35型揉捻机，揉捻机转速控制在50r/min以内，不加压揉3~5min，然后加轻压揉3~5min即可转入干燥步骤。

（4）机械烘干　萎凋叶九成干后可以进行机焙，先用慢速，历时20min，摊叶厚度4cm，温度80~90℃。烘至八成干后，高速用快速，历时10~11min，厚度不变，温度100~110℃。出机后进行摊放，使水分分布均匀，再用慢速历时20min，温度80~90℃，完成烘焙作业。

（5）记录　记录实训过程鲜叶的变化。

## （五）注意事项

（1）新工艺白茶萎凋过程中，萎凋程度较传统工艺白茶更轻，保证在堆积过程中，茶叶能够充分回软，方便揉捻。

（2）新工艺白茶揉捻过程，是短时、轻揉，揉捻时间过长或揉捻过重，会造成茶叶断碎过多，影响成茶品质。

## （六）结果与讨论

（1）重点观察新工艺白茶的加工过程中外形变化特征，记录各项品质特征，填入表4-7。

（2）新工艺白茶萎凋程度较传统工艺更轻，那么如何在萎凋过程中，实现内含物质的充分转化？

表4-7    白茶品质特征记录表

| 外形 | 内质 | | | | 备注 |
|---|---|---|---|---|---|
| 特征描绘 | 香气 | 滋味 | 滋味 | 叶底 | |
| | | | | | |

📝 思考题

1. 新工艺白茶与传统工艺白茶的加工工艺有何不同？最终形成的茶叶品质有何不同？

2. 贵州的茶鲜叶原料采用哪种工艺更适合？

## 实训二十　做青技术

### (一)实训目的

通过实训，了解青茶做青（摇青）的特点，掌握青茶手工摇青技术，掌握青茶机器摇青技术参数和手工摇青技能。

### (二)相关知识

青茶（即乌龙茶），与红茶相似，在明代制茶技术中产生，至清代发展成熟。

青茶的加工工艺在古书中有详细记载。"武夷茶自谷雨采至立夏，谓之头春，约隔二旬复采谓之二春，又隔又采谓之三春。头春叶味浓，二春三春叶渐细，味渐薄，且带苦矣。夏末秋初又采一次，名为秋露。香更浓，味亦佳，但为来年计，惜之不能多采耳。""茶采后，以竹筐匀铺，架于风日中，名曰晒青。俟其青色渐收，然后再加炒焙。"炒焙的方法不像松萝、龙井等只是炒制，而是"炒焙兼施"，所以才能在制成之后"半青半红"。以上乌龙茶的制作过程参考《王草堂茶说》，此著作成书于清代前期，据此推断，整套加工工艺当在明代即已形成。

做青是制造青茶（乌龙茶）的特有工序之一。做青能适当调节萎凋过程中水分蒸发和内含物自体分解。做青叶受机械力作用，叶缘细胞部分组织受损伤，促使多酚类化合物氧化、聚合、缩合，产生有色物质和促进芳香化合物的形成。做青由摇青和晾青两个过程组成。在摇青过程中，叶片组织因振动而增强细胞吸水力，增进输导组织的输送机能，茎梗里的水分通过叶脉往叶片输送，梗里的香味物质随着水分向叶片转移，水分从叶面蒸发，而水溶性物质在叶片内积累起来。

由于梗脉中的水分向叶片渗透，使摇青后叶子恢复苏胀状态，称为还青，俗称还阳。摇青之后进入晾青，晾青又称静置、等青、摊青。在晾青过程中，做青叶处于相对停止状态，叶片继续蒸发水分，叶片失水多，梗里失水少，叶片又呈凋萎状态，称为退青。在做青过程中，叶片进行着萎凋的化学变化，绿色逐渐减退，边缘部位逐渐变红。通过5～7次的摇青和晾青的交替进行，当叶子呈现边缘红（朱砂红），中间青（或黄绿），叶脉透明，形状如汤匙，外观硬挺，手感柔软，散发出浓郁的桂花香（或兰花香），便是做青适度。做青要处理好摇青和晾青的各个环节。摇青要先轻后重，即叶子受到碰撞摩擦力的作用，要由轻而逐渐加重；要防止梗、叶折断造成死青（梗脉水分不能通过叶片蒸发）。晾青时间要先短后长，晾青摊叶要先薄后厚。做青开始时，单位时间内摇青和晾青交替次数多，即每次时间要短，而后逐渐减少次数，增长时间。做青的主要技术是控制好摇青过程中的水分变化，使叶片经常获得梗里的水分和可溶性物质的补充，同时要防止叶片因失水过多细胞膜透性增大，失去吸水力而产生死青。做青室以温度25℃左右、相对湿度80%左右为宜。温度较高，做青时间要缩短。在高温高湿天气时要薄摊轻摇。对叶质肥厚、水分多的叶子，要多次轻摇。易红变的品种要少摇多晾。做青的手工方法在闽北、闽南、广东和台湾各地不同，有摇青、筛青、做手做青、碰青等。大批量生产多数使用摇青机和做青机。

**图5-1　手工摇青场景**

摇青分为手工摇青（图5-1）和机器摇青两种。

### 1. 手工摇青

鲜叶萎凋后，将水筛搬到做青间按顺次放在做青架上。静置1h，开始摇青。

手工摇青的方法是用两手握水筛边缘，有节奏地进行旋转摇把，使叶子在筛上作圆周旋转与上下翻动，促使梗脉内的水分向叶片输送，同时擦破部分叶缘细胞。第一次摇青后等青0.5h左右，进行第二次做青。这样反复进行4～8次，总历时6～10h。为使叶缘细胞破坏，摇青时为"住加以做手"——用双手将叶子挤拢和放松，使叶边缘互挤而擦破细胞。

摇青次数、转数与每次间隔时间，随品种、气候、晒青程度不同而灵活掌握。在生产实践中掌握：摇做结合、多摇少做，先摇后做；做手先轻后重；转速和转数先慢后快先少后多；等青时间先短后长；摊叶先薄后厚。

含水量多的品种要多摇少做；含水量少的品种少摇多做，在第一、二、三次摇青前要拼筛，四筛拼三筛或五筛拼四筛。每次摇青的青叶等青均需蓬松堆成凹伏茶堆，以便青气充分散失。

手工摇青的方法是用两手握水筛边缘，有节奏地进行旋转摇把，使叶子在筛上作圆周旋转与上下翻动，促使梗脉内的水分向叶片输送，同时擦破部分叶缘细胞。

### 2. 机器摇青

摇青机（图5-2）做青工效高，质量好，适用于大批生产和实现青茶制造连续化生产。圆筒摇青每筒投叶12.5kg左右，28～30r/min，每次摇青后，摇青叶的放在筒内。每次摇的转数由少到多，又由多到少。

**图5-2　摇青机**

做青适度的叶子，叶脉透明，叶面黄亮，叶缘朱砂红显现，带有三红七绿的特征。叶缘向背卷，呈现龟背形。兰花香显，叶质柔软（指较嫩的原料）或手握茶叶发出沙沙响时即为适度。做青结束后进行适当堆闷，以利发酵。

## （三）实训准备

（1）水筛、晾青架、风扇。

（2）烘干机、摇青机。

（3）大开面茶鲜叶若干。

## （四）实训步骤

（1）依据传统闽北青茶萎凋工艺，将鲜叶进行萎凋处理。鲜叶萎凋后，将水筛搬到做青间按顺次放在做青架上。静置1h，开始摇青。

（2）手工摇青的方法是用两手握水筛边缘，有节奏地进行旋转摇把，使叶子在筛上作圆周旋转与上下翻动，促使梗脉内的水分向叶片输送，同时擦破部分叶缘细胞。

（3）静置凉青0.5h左右，进行第二次做青。

（4）这样反复进行4~8次，总历时6~10h。为使叶缘细胞破坏，摇青不足时可以加以做手，用双手将叶子挤拢和放松，使叶边缘互挤而擦破细胞。

（5）在第一、二、三次摇青前要拼筛，四筛拼三筛或五筛拼四筛。每次摇青的青叶等青均需蓬松堆成凹伏茶堆，以便青气充分散失。

（6）将摇青好的青叶，按照闽北乌龙工艺进行杀青和烘焙，得到手工摇青的乌龙茶茶样。

（7）用机器进行摇青对比处理。

## （五）注意事项

（1）鲜叶选择一定要生长成熟的开面叶，最好是大开面叶。

（2）没有摇青机的可以用三角簸箕手工摇青代替处理。

（3）是否进行做手做青需要根据摇青程度灵活掌握处理。

## （六）结果与讨论

（1）记录摇青过程中鲜叶状态的变化，注意香气、叶片形态的变化，并填入表5-1。

表5-1　不同摇青方式鲜叶状态变化表

| 摇青方式 | 鲜叶变化 | | 备注 |
| --- | --- | --- | --- |
| | 叶片形态 | 香气 | |
| 手工 | | | |
| 机器 | | | |

（2）通过实训，总结手工摇青与机械摇青的优势和劣势。

（3）讨论哪项技术指标对摇青的影响更重要。

## ？ 思考题

1. 摇青工艺是如何影响青茶成茶品质的？
2. 贵州气候特点对摇青有什么影响？

# 实训二十一 条形青茶加工

## （一）实训目的

通过实训，了解闽北青茶（条形）加工技术特点，掌握闽北青茶加工技术和技能。

## （二）相关知识

闽北青茶（乌龙茶）具有红茶的醇厚又有绿茶的清香，属半发酵茶（图5-3）。乌龙茶因茶树品种的特异性而形成独特的风味，产地不同，其品质差异也土分明显。闽北乌龙茶以武夷岩茶为代表，而"大红袍"最为有名。

图5-3 闽北乌龙干茶样品

武夷四大名丛为铁罗汉、大红袍、水金龟、铁罗汉。

鲜叶采摘时，原料一般掌握小开面时采摘为好，产量与质量均有保证；大开面叶片粗老，制成茶叶采索粗松，梗、片多；半开面茶叶幼嫩水分含量高，制成茶叶香气不高，且在加工过程中叶子易发生红变，不合青茶品质要求。青茶每年要采摘两三季，春茶在立夏前开采，夏茶在夏至前后开采，秋茶在立秋开采。

露水和雨水鲜叶制成的青茶品质要比晴叶差。根据茶区老农的经验，鲜叶采摘时间在露水干后开始，采到下午5：00。5：00时以后不采茶。尤其是采摘高档青茶，以下午2：00—4：00时最好。青茶不采雨水叶和露水叶。

在鲜叶采摘、运送和保管过程中，应特别注意保持原料的新鲜和纯净。鲜叶进厂后，按不同品种和含水量及不同采摘时间，分别摊放，不能混杂，以便分别加工。

闽北条形青茶加工工序如下。

（1）萎凋  将鲜叶按不同品种、采摘时间，分别均匀地摊在水筛上。每筛摊鲜叶0.4kg左右（每平方米摊叶0.5kg），以叶片不相迭为宜。开青毕，按先后顺序放置晒青架上进行日光萎凋（图5-4），以防损伤叶子而先期发酵，产生叶干瘪（死青）现象。晒青时间的长短，应以日光强弱和鲜叶含水量多少等灵活掌握，做到看青晒青。鲜叶嫩的、叶片薄的、含水量少的、晒青宜轻；鲜叶肥嫩含水量较高的，常采取两晒、两晾的方法，避免局部晒伤，形成死青。中午日光过强，不宜进行晒青。雨青和露水青要先摊晾，去掉表面水后，再进行晒青。

闽北乌龙萎凋程度一般比红茶轻。标准为：叶色失去光泽、叶质较柔软，叶缘稍卷缩，叶子呈萎凋状态，青气减退，清香呈现，手持新梢基部，顶部第二叶下垂，而梗中水分尚充足，减重率在10%～15%为适度。萎凋结束后，随即进行晾青（图5-5）。在晾青过程中，由于茶梗、叶柄、叶脉中的水分向叶面细胞组织渗

**图5-4  日光晒青场景**

图5-5 晾青场景

透，叶片由萎凋状态变为苏胀状态（俗称还阳），并缓慢地蒸发水分，继续萎凋，晾青时间以热散失为主，晾青结束即移入做青间进行做青。

（2）做青

①目的：做青是形成岩茶"三分红、七分绿"和特有香味的关键性工序。做青的目的是叶子在筛、转等机械力作用下，叶缘摩擦而破坏细胞，使茶汁外溢，促进多酚类化合物的酶促氧化，形成"绿心红边"。在做青过程中，水分继续缓慢蒸发，各种物质转化的速度逐渐加快，青气散失，香气形成。

②环境控制：做青是在做青室内进行的。做青室一般设在较密闭而凉爽的地方。保持室温25~27℃，相对湿度80%~85%。若室温低于20℃，可用火盆在室内四周移动，提高室温，促进发酵。但室温不得超过29℃。做青过程，是岩茶制造中最细致最复杂的半萎凋半发酵过程，做青时，水分蒸发使叶片回软呈半萎凋状态（俗称退青）；摊青时，梗脉中的水分又向叶面渗透，叶子恢复苏胀状态。

（3）杀青

①目的：利用高温破坏做青叶中酶的活力，抑制多酚类化合物氧化；进一步逸散青气，发展香气；蒸发水分，使叶质变软，便于揉捻。

②方式：机械杀青适于大批量的生产，只需一次炒、揉。锅温300~350℃。掌握多闷少扬、高温、快速短时、小锅的原则，炒2~3min，至适度起锅揉捻。

（4）揉捻

①目的：进一步破坏叶细胞，挤出茶汁，以形成岩茶的壮结外形和增进岩茶的滋味。

②方式：机械揉捻：用炒茶机和揉捻机炒揉时，使用小型揉捻机，投叶量5~6kg，转速60~65r/min，掌握热揉、重压、短时、快揉的原则。揉捻时间：嫩

叶4～8min，老叶20min左右。揉至叶细胞破坏，茶汁流出，叶片卷成条索，即为适度。

（5）干燥　闽北乌龙茶的传统干燥法分为毛火（初焙）、足火（复焙）、吃火。目前，茶场机械化生产，只进行毛火、足火。吃火放到精制进行。

①目的：蒸发多余水分，发展香气，塑造外形，形成岩茶特有色香味。

干燥过程温度应掌握先高后低的原则。采用烘笼焙茶，先初烘，后摊晾，簸拣，再复焙。

②方式：

a. 毛火。烘干机干燥，毛火温度160～180℃。摊叶厚度4～5cm，掌握高温、快速的原则。不加簸拣。经过1～2h摊晾，进行足火。

b. 足火。烘干机干燥，足火的温度120℃左右，摊叶厚度2～3cm为宜，中速约8min。足火后又簸拣工作待后进行。

## （三）实训准备

（1）水筛，电炒锅，焙笼，揉捻机，簸箕。
（2）小开面茶叶鲜叶原料若干。

## （四）实训步骤

本实训采用手工摇青、手工杀青、手工揉捻、焙笼干燥。

（1）将鲜叶放置晒青架上进行日光萎凋，晒青时间的长短，应以日光强弱和鲜叶含水量多少等灵活掌握，做到看青晒青。

（2）手工摇青　用两手握水筛边缘，有节奏地进行旋转摇把，使叶子在筛上作圆周旋转与上下翻动，摇青次数、转数与每次间隔时间，随品种、气候、晒青程度不同而灵活掌握。

（3）手工杀青　分初炒和复炒两次。初炒，锅温240～260℃，投叶量1.5kg左右。青叶下锅，先焖炒，待叶温上升，即扬炒。采取多闷少扬，炒匀炒透的原则。翻炒的快慢，视叶子受热程度灵活掌握，做到看青炒青。复炒锅温200～240℃。将初揉叶撒在锅内闷炒十几秒钟，炒到烫手时起锅，进行复揉。

（4）把初炒后的叶子放在编有十字形棱骨的竹盘上，趁热用力揉二十几下，解块抖散；再揉二十几下，时间2～3min，揉至叶汁流出，卷转成条，即可解块，进行第二次炒揉。

（5）用焙笼干燥　毛火温度100～140℃。每笼摊叶0.5～0.75kg。每隔4～5min翻拌一次。烘至七八成干起焙摊晾，再进行簸拣。足火温度80℃左右，每笼摊叶

1.5kg左右。每隔20min左右翻拌一次。时间1~2h，焙至叶子呈干，发出纯正茶香后，再将两笼拼一笼，焙笼上加盖，用105℃左右的火温烘15~20min。

## （五）注意事项

（1）在第一、二、三次摇青前要拼筛，四筛拼三筛或五筛拼四筛。每次摇青的青叶等青均需蓬松堆成凹伏茶堆，以便青气充分散失。

（2）含水量较少，叶片较薄的奇种以闷炒为宜，火温宜低，时间宜短些。叶子肥大含水量较高的水仙应采取高温闷扬结合的方法，时间宜长些。

（3）干燥过程中，注意控制干燥温度，温度过低或过高，会对乌龙茶的品质形成产生影响。

## （六）结果与讨论

（1）重点观察条形青茶的加工成品的外形特征，记录各项品质特征，填入表5-2。

表5-2 条形青茶品质特征记录表

| 外形 | 内质 | | | | 备注 |
|---|---|---|---|---|---|
| 特征描绘 | 香气 | 滋味 | 滋味 | 叶底 | |
| | | | | | |

（2）讨论闽北乌龙茶所特有的香气和口感是如何在加工过程中形成的。

---

📝 **思考题**

1. 闽北青茶（条形）的技术特点是什么？
2. 贵州鲜叶原料做条形青茶是否有自身的优势？
3. 贵州研发青茶是否有意义？

## 实训二十二　颗粒形青茶加工

### （一）实训目的

了解以铁观音为代表的闽南青茶（颗粒形）加工技术特点，掌握学习闽南青茶（颗粒形）加工工艺和技能。

### （二）相关知识

闽南青茶产于福建安溪、永春、平和、云霄、长泰、漳平等县，主要生产铁观音（图5-6）、色种、水仙、香橼、乌龙，品质以铁观音最优。铁观音和乌龙都是以茶树品种名称而命名的。色种是各种不同茶树品种混合制成的，包括毛蟹、本山、奇兰、梅占等。闽南青茶原料比闽北原料稍嫩，每年采四五季茶。春茶谷雨后开采，夏茶在夏至后开采，暑茶在立秋后开采，秋茶在秋分后开采。采摘方法与闽北青茶相同。闽南青茶的制造工序是萎凋、做青、杀青、揉捻、干燥（初烘、复烘）。

图5-6　铁观音干茶样品

贵州省作为产茶大省，在近年来已经试制了颗粒形青茶产品，大部分参考铁观音工艺，在遵义市凤冈县、安顺市西秀区都加工出了优质的青茶产品。贵州省农业科学院茶叶研究所还试制了贵州特色的青茶，加工流程：

鲜叶 → 晒青 → 凉青 → 做青（摇青，凉青） → 杀青 → 揉捻 → 做形（双锅曲毫机） → 干燥 → 成品

这一工序试制贵州特色青茶，以黔湄412品种鲜叶为原料，做青工艺采用两次摇青，所得成品茶已达到青茶特有的品质要求［DB 52/T 1102—2016《贵州青茶（乌龙茶）》］。

　　贵州青茶（乌龙茶）［Guizhou Qingcha（oolong tea）］定义：以贵州省境内生长的茶树上成熟或较成熟的鲜叶为原料，按照青茶（乌龙茶）加工工艺加工而成的，且符合本标准质量要求的产品。

　　（1）茶青要求　茶青应为贵州省境内生长的茶树上采摘的成熟或较成熟的鲜叶，具体为：

　　①嫩度：小开面或中开面三四叶。

　　②匀度：品种、嫩度、长势、叶色相对一致。

　　③净度：无茶类或非茶类夹杂物。

　　④新鲜度：鲜活，无机械损伤。

　　（2）产品要求

　　①基本要求：品质正常、无异气、无异味、无劣变，无非茶类夹杂物，不着色，无任何添加剂。

　　②感官品质：应符合表5-3的规定。

表5-3　贵州青茶感官品质要求

| 项目级别 | 外形 | | 香气 | 汤色 | 滋味 | 叶底 |
| --- | --- | --- | --- | --- | --- | --- |
| | 条形 | 颗粒形 | | | | |
| 特级 | 条索壮实，青褐油润，匀整，净度好 | 颗粒紧实，砂绿油润，匀整，净度好 | 花香、花果香 | 绿黄到橙红，清澈明亮 | 醇厚、浓爽 | 柔软明亮 |
| 一级 | 条索较紧实，青褐较润，匀整，净度较好 | 颗粒较紧实，砂绿较油润，净度较好 | 带花香或花果香 | 绿黄到橙红，较明亮 | 醇较浓爽 | 尚亮，较柔软 |
| 二级 | 条索尚紧实，绿褐尚匀整，净度尚好 | 颗粒尚紧，绿尚润，净度尚好 | 纯正 | 绿黄到橙红，尚亮 | 纯正 | 欠亮，欠柔软 |

　　③理化指标：应符合表5-4的规定。

表5-4　贵州青茶理化指标

| 项目 | | 指标 |
| --- | --- | --- |
| 水分/% | ≤ | 7.0 |
| 水浸出物/% | ≥ | 33.0 |
| 总灰分/% | ≤ | 6.5 |
| 水溶性灰分，占总灰分（质量分数）/% | ≥ | 48.0 |
| 粉末/% | ≤ | 1.3 |

④安全指标：

a. 污染物限量应符合 GB 2762—2017《食品安全国家标准　食品中污染物限量》的规定。

b. 农药最大残留限量应符合 GB 2763—2019《食品安全国家标准　食品中农药最大残留限量》的规定。

## （三）实训准备

（1）水筛，乌龙茶炒青机，摇青机，揉捻机，白布、簸箕，焙笼。

（2）小开面茶叶鲜叶原料若干。

## （四）实训步骤

（1）闽南青茶制法与闽北青茶制法有所不同　鲜叶进厂后，不是立即进行晒青，而是先进行摊青。上午10：00以前的鲜叶称早青，由于含水分较多，须用大竹匾分开，3～4kg/竹匾，露水叶则为1kg左右。以晾干叶面水分为宜。在摊晾过程中要翻拌2～3次，至下午2：00左右开始晒青萎凋。

闽南青茶的萎凋程度比闽北要轻些，这是形成品质差异的重要原因。要求少量薄摊，及时轻翻，厚薄均匀，程度适宜。晒青时间一般在下午4：00—5：00进行。采摘旺季，提前到2：00—3：00进行。晒青是用竹制直径100～112cm的竹匾，每竹匾摊青叶0.75～1kg。摊青后，将竹匾放在阳光充足、空气畅通的晒谷场或晒青架上晒。中间翻拌2～3次。晒青时间长短和程度的掌握是依季节、品种、天气与阳光强弱而有不同。以品种来说，叶子肥厚的铁观音，做青变化缓慢，发酵历时长，晒青宜重，减重率8%～10%；本山、奇兰等，容易发酵，宜轻度晒青，减重率5%～8%。

萎凋适度的叶子，叶质柔软，失去弹性，手提新梢基部而新梢顶端叶片下垂，叶色转暗绿，略显清香，失重率8%～10%为宜。然后二窝拼一窝，收入青间进行摊晾做青。

（2）做青间要求清洁凉爽，温、湿适宜稳定，室温20℃左右，相对湿度70%～80%为宜。目前闽南区摇青除铁观音等数量较少的优良种的用手摇外，大都采用竹制圆筒摇青机（图5-2）。本实训采用摇青机进行摇青。

①机械摇青：每机投叶量40kg（机容量的1/2），转数25～30r/min。水仙品种含水量高，多摇；奇种含水量适中，摇青次数适中，含水量少的则可少摇；温度低，湿度不高天气，摇青发酵进程慢，宜厚堆，重摇。气温高，相对湿度高天气，宜薄摊，轻摇。摇青次数一般4～5次，每次隔时（摊青时间）由短到长，摊

青厚度薄到厚，注意保持一定的叶温，防止因冷而产生死青。

②摇青程度：叶面凸出，成汤匙形，叶色黄绿，（闽北黄亮），失去光泽，叶身柔软，叶缘银石朱色，叶表出现红色斑点，青气退，茶香起，细胞破坏率18%～20%（程度轻闽北轻）。达到做青适度，将青叶倒在大青筐中堆积发酵。气温高时，需堆成中空四周厚的凹字形，不能压紧；气温低时，需在叶子上面覆盖东西保持24～30℃的叶温，促进化学变化。约堆闷2h后进行杀青。

（3）使用有110凌筒乌龙茶炒青机杀青　凌筒20～25r/min，锅温度240～260℃。投叶量为110凌筒式25kg左右，锅式杀青机每锅4～5kg。炒青时间8～10min。粗老叶杀青水分少，炒青时间可稍短，程度应稍轻，宜多闷少扬，以免失水过多，揉不成条；茶青较嫩，水分多，宜高温多扬，程度要充足。杀青适度的标志：叶色由青绿转为黄绿，叶质柔软，手握叶子有黏性，叶张皱卷，失重率30%左右。

（4）本实训采用机器揉捻　揉捻机的转速50～60r/min。投叶量视揉桶大小而有不同。安溪30、35、40型揉捻机和54型木质双桶揉捻机，每桶装杀青叶4～5kg，先轻压后重压，揉2～3min后，去压再揉3～4min。中间解块一次（防闷黄），揉时6～8min。揉后便可出桶解块上烘。初烘采用自动烘干机，温度100～120℃，摊叶厚度2～3cm。撒叶须均匀，时间11～12min。烘至手握茶叶有刺手感，松手时叶子自然散开，即可下烘，趁热整形或复揉。

（5）覆包揉　铁观音等高级青茶的覆包揉用手覆包揉（图5-7）。手覆包揉用2尺×2尺（1m＝3尺）见方的白布，每包叶量0.5kg左右。把布包放在板凳上，一手抓住布包口，一手摊揉，使茶在里面翻动。用力先轻后重，约揉2min，揉后扎紧布巾，放一段时间。待条形固定后，松开布巾，解块进行复烘（足烘）。

**图5-7　传统手工包揉场景**

目前，闽南青茶制造采用整形机代替人工覆包揉。这种整形机械与珠茶炒干机一样。在炒制过程中，由于炒手板作往复运动，茶叶在锅内不断受到弧形炒手板的推力和球形锅面的反作用力，使茶叶推炒成条索，卷曲紧结，达到人工覆包揉的目的要求。这种方法温度不能过高，控制在80~100℃。每锅投叶量10~12.5kg，时间0.5~1h。炒至七八成干，即可起锅摊晾，然后足干。

（6）干燥　闽南青茶的传统干燥法分为初焙、足火。初焙在复包揉之前进行。

①足火：用烘干机或烘笼复烘，采用低温慢烘。烘干机复烘，温度80~90℃，时间20min左右。焙笼复烘，温度60~70℃，每笼投叶量2.5kg左右，中间摊晾一次，烘1~2h。本实验采用焙笼足火。

②足火适度：烘至茶梗折而脆断，捻成粉末，香气清纯，水分含量不超过10%，即可下烘，摊凉后装箱保藏。

## （五）注意事项

（1）嫩梢肥大，含水量多的品种，青气味强，做青过程中苦水难消，易发红，晒青宜分次重晒，减重率8%为宜；叶子较薄，含水量较少的乌龙茶等品种，晒青宜稍轻。以气候来说，贵州春茶气温较低，鲜叶含水量较高，晒青时较长些，程度足些；平原炎热地区，夏暑秋茶鲜叶进厂时萎凋程度已足够，可不晒青或以晾代晒。

（2）对于不同的天气、品种、季节的青茶，摇青次数、摊青厚薄要灵活掌握，春茶含水量多，叶质肥厚则必须多摇；秋茶叶质较薄，则可少摇。雨水叶多摇，晴天叶少摇。

（3）颗粒形青茶在复包揉过程中，注意手法和机器的使用。

## （六）结果与讨论

（1）重点观察颗粒形青茶的加工成品外形特征，记录各项品质特征，填入表5-5。

表5-5　颗粒形青茶品质特征记录表

| 外形 | 内质 | | | | 备注 |
| --- | --- | --- | --- | --- | --- |
| 特征描绘 | 香气 | 滋味 | 滋味 | 叶底 | |
| | | | | | |

（2）讨论闽南乌龙与闽北乌龙中哪种茶的发酵程度更高。

## ▤ 思考题

1. 闽南（颗粒形）青茶的复包揉有什么作用？
2. 贵州鲜叶原料做颗粒形青茶是否有自身的优势？

## 实训二十三　闷黄技术

### （一）实训目的

通过实训，了解黄茶制作中闷黄工艺的作用机理、闷黄工艺流程及技术要领。掌握闷黄工艺温、湿度及时间的控制，掌握闷黄工艺操作技能。

### （二）相关知识

（1）闷黄工艺介绍　闷黄工艺根据茶叶品种和产地而变化，分为湿坯闷黄（揉前和揉后堆积闷黄）和干坯闷黄（初烘后和再烘时堆积闷黄）两种。

闷黄是形成黄茶黄汤黄叶品质特点的关键工序，影响闷黄的因素主要有叶片的含水量和叶温。含水量越多，叶温越高，则湿热条件下的黄变进程也就越快。闷黄过程中茶坯的色泽可见图6-1。但是闷黄是缓慢的变化，叶温不能过高，同时要防止水分的大量散失，尤其是湿坯堆闷要注意环境的相对湿度和通风状况，环境温度高应盖上湿布以提高局部湿度和阻止空气流通。

从杀青开始至干燥结束，都可为茶叶的黄变创造适当的湿热工艺条件。但作为一个制茶工序，有以下几种不同的闷黄阶段：

①在杀青后闷黄：如沩山毛尖；

②在揉捻后闷黄：如北港毛尖、鹿苑毛尖、广东大叶青、温州黄汤；

**图6-1　闷黄工艺过程中茶坯的色泽**

③在毛火后闷黄：如霍山黄芽、黄大茶；

④闷炒交替进行：如蒙顶黄芽三闷三炒；

⑤烘闷结合：如君山银针二烘二闷；而温州黄汤第二次闷黄，采用了边烘边闷，也称"闷烘"。

（2）闷黄工艺的理化变化

①叶绿素的变化：叶绿素是不稳定的化合物，在黄茶制造中受热化作用引起的氧化、裂解、置换等反应影响而遭到破坏，致使绿色物质减少，黄色物质显现出来，这是黄茶呈现黄色的主要原因。据测定，黄大茶在制造过程中，叶绿素总量中有60%受到破坏。叶绿素在杀青过程破坏最多，其次是堆闷、初烘过程，而拉毛火和拉足火过程破坏较少。

②多酚类化合物的变化：多酚类化合物也是影响黄茶品质的一类主要物质，在炒制中发生了显著的变化而减少。其中，黄烷醇类的总量要减少3/5以上，但水溶性多酚类化合物总量减少并不多。据测定，黄大茶中水溶性多酚类化合物含量，干毛茶与鲜叶相比，下降很少，这说明多酚类化合物在热作用下的非酶促氧化与酶促氧化性质不同。由于黄茶经过杀青，蛋白质凝固变性，与多酚类化合物氧化产物的结合能力减弱，不像红茶发酵那样，多酚类化合物的酶促氧化产物与氨基酸大量结合而沉淀。特别是在干热作用下，掌握适当温度，不仅能使香气发展到高峰，而且可使结合性的多酚类物质裂解，转化为可溶性多酚类化合物，同时发生异构化，使黄茶茶汤滋味浓醇。

③水溶性多酚类化合物：黄茶中水溶性多酚类化合物含量与红茶、绿茶相比，低于绿茶而高于红茶，但滋味仍较醇和，这是因为：一方面多酚类化合物氧化减少；另一方面由于热化作用，黄烷醇类发生异构化和热裂解，导致简单黄烷醇类增加。

④其他物质的变化：在黄茶炒制过程中，糖类和氨基酸含量都有显著变化。这些物质的转化，对黄茶香气、滋味起重要作用。淀粉随着炒制过程而减少，其中一部分转化为可溶性糖，而可溶性糖的总量是减少的，但氨基酸的总量是在增加。氨基酸既是茶汤滋味的重要组成部分，又是香气的一种先质。在热作用下，糖与氨基酸结合形成糖胺化合物，参与茶叶芳香物质的组成。

## （三）实训准备

（1）茶青　一芽一二叶。

（2）电炒锅，揉捻机。

（3）烘笼，木箱，温度计，湿度计。

（四）实训步骤

（1）杀青　锅温要求在220～260℃，每锅投叶量150～250g。炒茶速度要快，用力要均匀。翻炒时抖扬结合、避免闷热红变。一般炒2～3min，茶叶软绵，叶色暗绿即可出锅。

（2）揉捻　将杀青叶进行揉捻。具体揉捻方法还应依据型号和性能以及叶子质量，叶量多少而定，原则是"轻—重—轻"。最后要求揉捻叶达到条索紧卷，茶叶大量溢出（不流失）叶表，成条率达85%左右，叶子呈浅黄绿色，梗脉泛红，叶细胞破损率达80%以上。

（3）湿坯闷黄　将一部分揉捻好的叶片装入篓或堆积于圈席内，稍加压紧，加盖湿棉布置于烘笼（图6-2），以利用烘笼热量，促进叶子变黄，时间长短视鲜叶老嫩、茶坯含水量等而定，一般3～5d，待叶色变黄，香气透露，即达适度。

（4）干坯闷黄　将一部分揉捻好的叶片用毛火烘至八九成干，趁热装入木箱中，用布覆盖后堆积变色，一般10～15d，待叶色变黄，香气透露，即达适度。

（5）干燥　采用烘干方式，毛茶含水率要求不超过6%。

图6-2　黄茶闷黄操作场景

（五）注意事项

（1）电炒锅打开电源前要进行漏电检查，强调用电安全。
（2）干燥过程中因为有高温，强调操作中的正确手势和安全保护，防止烫伤。
（3）闷黄工序时间较长，要合理安排试验时间。

## （六）结果与讨论

（1）观察黄茶的加工成品的外形特征，对比干坯闷黄和湿坯闷黄品质特征，填入表6-1。

表6-1 黄茶品质特征对比记录表

| 闷黄方式 | 外形 | 内质 | | | |
|---|---|---|---|---|---|
| | 特征描绘 | 香气 | 汤色 | 滋味 | 叶底 |
| 干坯闷黄 | | | | | |
| 湿坯闷黄 | | | | | |

（2）讨论干坯闷黄和湿坯闷黄技术如何合理运用。

### 思考题

1. 黄茶闷黄的作用机理与湿热作用的关系是什么？
2. 贵州研发黄茶是否有意义？

# 实训二十四 黄茶加工

## （一）实训目的

通过实训，了解黄茶的基本加工工艺及技术要领。掌握黄芽茶和黄大茶的工艺流程和加工技能。

## （二）相关知识

贵州目前尚无规模化的黄茶加工，有部分小作坊手工试制黄芽茶产品。

（1）黄茶类典型工艺　黄茶类制作的典型工艺为杀青、闷黄、干燥。揉捻不是黄茶必不可少的工艺过程。如君山银针、蒙顶黄芽就不揉捻，北港毛尖、鹿苑毛尖、霍山黄芽只在杀青后期在锅内轻揉，也没有独立的揉捻工序。黄大茶和大叶青因芽叶较大，通过揉捻塑造条索，以达到外形规格的要求，但其对色泽的变化、黄色黄汤的形成并没有直接的影响。

（2）蒙顶黄芽加工工艺　蒙顶黄芽（图6-3）炒制工艺分为杀青、初包、复炒、复包、三炒、堆积摊放、四炒、烘焙八道工序。

在180℃左右的平锅中，投入摊放鲜叶120～150g，炒4～5min，到杀青适度，芽叶含水量为55%～60%时出锅，迅速用纸包好（保持叶温为55℃左右），放置60～80min，中间翻包1次。到叶温降到35℃左右时，拆包投入70～80℃锅中，用理条和压扁手法炒到含水量为45%左右出锅，进行复包（保持叶温50℃左右），经50～60min，叶色变黄绿，再投入70℃锅中炒到茶叶基本定形，含水量30%～35%时趁热撒在簸箕上，厚度5～7cm，盖上纸保温堆积24～36h，再在60～70℃锅中整理外形、提高香气。然后在40～50℃烘笼上烘焙到含水量5%左右时下烘摊凉，包装贮藏。

（3）平阳黄汤（温州黄汤）加工工艺　平阳黄汤（图6-4）炒制工艺分为杀青、揉捻、闷堆、初烘、闷烘五道工序。

在180℃锅中投入摊放叶200～250g，杀青到适度时降低锅温，滚炒到基本成条，减重率50%～55%时出锅。将揉捻叶一层层地摊在竹匾上，厚20cm，上盖白布，静置48～72h。到叶色转黄，再将闷堆叶摊在烘笼上，烘15min达七成干，摊

图6-3　蒙顶黄牙干茶样品　　　　　　图6-4　平阳黄汤干茶样品

凉后装入布袋内。每袋1~1.5kg，连袋一起放入30℃的烘笼上，烘3~4h达九成干时下烘，摊凉整理，包装贮藏。

（4）远安鹿苑加工工艺  远安鹿苑（图6-5）炒制工艺分为杀青、炒二青、闷堆、炒干四道工序。

在180℃锅中投入摊放叶200~250g，抖闷炒6min左右，到五六成干时趁热闷堆15min左右，散开摊放。然后在100℃锅中投入500g杀青叶，用整形搓条手法炒15min，达七八成干时出锅。堆积在竹盘内压实，上盖湿布，闷5~6h后剔除团块和花杂叶等物。然后取1000g投入80℃锅中，以闷炒为主，用螺旋手法搓条整形，约炒30min，到足干后出锅，摊凉包装贮藏。

（5）君山银针加工工艺  君山银针（图6-6）炒制工艺分为杀青、初烘、初包、复烘、复包、干燥六道工序。

在180~220℃斜锅中投入鲜叶200~250g，杀青3~4min，达到杀青适度时出锅。经簸扬后摊放2~3min，将杀青叶摊在竹盘内。在50℃左右的焙灶上，烘到五六成干下烘摊凉。然后将摊放后的芽坯，每1~1.5kg用双层牛皮纸包好，装箱放置48h左右。芽色呈橙黄时，再在45℃左右的温度下烘到七八成干，再复包到芽成为金黄色，在温度约50℃下烘到足干，分级包装贮藏。

图6-5  远安鹿苑干茶样品

图6-6  君山银针冲泡

（6）其他黄茶加工工艺

①北港毛尖工艺流程：

杀青 → 锅揉 → 闷黄 → 复炒 → 烘干

②皖西黄大茶工艺流程：

杀青 → 二青 → 三青 → 初烘 → 闷堆 → 烘干

③广东大叶青工艺流程：

杀青 → 揉捻 → 闷堆 → 烘干

## （三）实训准备

（1）茶青（一芽二三叶）。

（2）电炒锅，揉捻机，烘笼，温度计，湿度计。

## （四）实训步骤

以广东大叶青工序参考制作黄叶茶，本实训采用手工操作。

（1）杀青　杀青锅温要求在220～260℃，每锅投叶量150～250g。炒茶速度要快，用力要均匀。翻炒时抖扬结合、避免闷热红变。一般炒2～3min，茶叶软绵，叶色暗绿即可出锅。

（2）揉捻　将杀青叶进行揉捻。揉捻30～50min，开始5min不加压，其后加压揉10min，再解压揉5min，再次加压揉10min，解压揉5min，再重揉15min，最后解压揉5min。具体揉捻方法还应依据型号和性能以及叶子质量，叶量多少而定，原则是"轻—重—轻"。最后要求揉捻叶达到条索紧卷，茶叶大量溢出（不流失）叶表，成条率达85%左右，叶子呈浅黄绿色，梗脉泛红，叶细胞破损率达80%以上。

（3）闷堆　闷堆是黄茶变黄的主要过程。方法是将揉捻好的叶片装入篓或堆积于圈席内，稍加压紧，加盖湿棉布置于烘笼，以利用烘笼热量，促进叶子变黄，时间长短视鲜叶老嫩，茶坯含水量等而定，一般为3～5d，待叶色变黄，香气透露，即达适度。

（4）烘干　烘干分毛火、足火。毛火是利用高温进一步促进黄变和内质转化。以形成广东大叶青特有的品质。毛火温度110～120℃，时间12～15min，烘至七八成干，摊晾1h左右。足火温度90℃左右，烘到足干，即下烘稍摊晾，及时装袋。毛茶含水率要求不超过6%。对于粗老的茶叶，毛火可用太阳晒到七成干，再行足火。

## （五）注意事项

（1）电炒锅打开电源前要进行漏电检查，强调用电安全。

（2）干燥过程中因为涉及高温，强调操作中的正确手势和安全保护，防止烫伤。

（3）闷黄时的技术参数仅作参考，可根据当地天气情况做进一步调整。

## （六）结果与讨论

（1）观察黄茶的加工成品的外形特征，记录各项品质特征，填入表6-2。

表6-2　黄茶品质特征记录表

| 外形 | 内质 | | | | 备注 |
|---|---|---|---|---|---|
| 特征描绘 | 香气 | 滋味 | 滋味 | 叶底 | |
| | | | | | |

（2）讨论黄茶加工中闷黄技术如何合理运用。

## 思考题

1. 贵州茶鲜叶原料制作黄茶是否有优势？
2. 黄芽茶和黄叶茶，哪种研发市场前景相对更好？

# 实训二十五　渥堆技术

## （一）实训目的

通过实训，了解黑茶渥堆的技术原理，掌握黑茶的渥堆生产技术参数和生产技能。

## （二）相关知识

渥堆是黑茶制作的关键步骤，也是决定黑茶品质的关键点。微生物酶促作用和湿热作用下的物理化学变化，使茶叶内含物发生复杂变化，形成黑茶特有的色、香、味。

渥堆的实质是杀青叶的湿热作用，即在适宜的温度、湿度、氧气和适当筑紧叶片的条件下，经长时间作用，发生的一系列化学变化。其中，以茶多酚为主的内含成分发生非酶促自动氧化，形成一系列初级产物和次级产物，而蛋白质和氨基酸的分解、降解，碳水化合物的分解以及各产物之间的氧化缩合，生成更加复杂的化合物如茶褐素等物质，从而形成黑茶特有的品质。

微生物在渥堆的作用下快速增长。研究表明，黑茶渥堆过程中的微生物主要有黑曲霉、青霉属、根霉属、灰绿曲霉、酵母属、土生曲霉、白曲霉、细菌类，其中黑曲霉最多，酵母次之。细菌数目在渥堆初期大量增加，当达到一定渥堆温度时，霉菌大量繁殖，产生的双糖和多糖物质为酵母提供养分使酵母大量繁殖，细菌数目则减少。因此微生物在代谢活动过程中，为满足自身生长繁殖需要，通过代谢过程产生纤维素酶、果胶酶和淀粉酶等水解酶系，并使包括多酚氧化酶、过氧化物酶等在内的氧化酶系发生根本性变化，促进茶叶中内含物质的改变。

其中，黑曲霉能产生多种水解酶，分解多糖、脂肪、纤维、蛋白质、果胶等有机物，产物多为单糖、氨基酸、水化果胶和可溶性碳水化合物，最终形成黑茶甘滑、醇厚的品质。

渥堆中主要成分变化有以下几个方面。

（1）香气　黑茶特征香气的形成来自以下三个方面。

①茶叶本身芳香物质的转化、异构、降解、聚合，形成黑茶的基本茶香。

②来自微生物及其分泌的胞外酶，在渥堆过程中对各种底物作用而产生的一些风味香气。

③烘焙中形成和吸附的一些特殊香气：黑茶在渥堆过程中形成大量的杂氧化合物和酯类物质，微生物代谢释放水解酶，促进单萜烯醇配糖体水解形成单萜烯醇。不同黑茶香气特征较明显，湖南的湘尖具有"松烟香"，茯砖具有"菌花香"；云南普洱茶（熟茶）强调的则是一种特殊的"陈香"；广西六堡茶的香气除"醇陈"之外，还有松烟和槟榔气味。

（2）色泽　色泽是茶叶脂溶性色素和水溶性色素的综合反映，其中脂溶性色素形成黑茶的干茶和叶底色泽，包括叶绿素a、叶绿素b、胡萝卜素和叶黄素等；水溶性色素是茶多酚氧化的主要产物，构成黑茶的汤色，包括茶黄素、茶红素和茶褐素等。鲜叶经过加工，其内部各种内含色素和色素源物质经氧化、分解、转化、聚合，最终使茶褐素含量上升，形成黑毛茶外形黄褐、汤色橙黄明亮的特征。黑茶渥堆时茶坯色泽可见图7-1。

图7-1　黑茶渥堆时茶坯的色泽

（3）滋味　黑茶滋味是茶多酚及其氧化产物、氨基酸等物质的综合体，由于渥堆过程中多酚类物质的降解和异构作用，苦涩味较弱的没食子酸及儿茶素的氧化聚合产物得以保留，而呈苦涩味的酯型儿茶素进行水解，茶叶中醇类呈味物质增加，苦涩味降低。渥堆过程中大分子碳水化合物分解成小分子糖及可溶性糖，在感官上表现为"甘"，蛋白质被分解产生多种氨基酸，赋予黑茶茶汤

"醇"的口感。

渥堆要求场所清洁、无异味，无日光直射。一般是将一定含水率的茶坯适当压紧堆积。控制技术要素主要是视不同原料特性控制适当的含水率、堆温、堆大小、松紧和时间等。

### （三）实训准备

（1）杀青揉捻后的叶子若干。

（2）渥堆场地和工具。

（3）其他制茶辅助用具。

### （四）实训步骤

（1）将准备好的杀青揉捻叶子在渥堆场地压紧堆积，或者茶叶数量小的可以放入木箱等进行堆积。

（2）湖南黑茶渥堆，茶坯含水率一般在60%左右，湖北老青茶则一般为30%左右。通常堆高40~100cm，室内温度25℃以上，相对湿度85%，具体参数还会根据原料特性调整。

（3）渥堆的过程中，根据堆温变化情况进行适当翻堆。

（4）待茶叶转化到一定的程度后，再摊开来进行晾干。

（5）随着渥堆程度的差异，颜色由绿转黄、栗红、栗黑，直至堆积适宜。

### （五）注意事项

（1）选择适宜当地条件的方式进行渥堆处理。

（2）渥堆时间较长，注意合理安排观察时间，并做好记录。

### （六）结果与讨论

（1）记录渥堆过程中茶叶随时间的变化情况，填入表7-1。

表7-1　渥堆茶叶变化状态表

| 时间 | 温度 | 颜色 | 气味 | 备注 |
|---|---|---|---|---|
|  |  |  |  |  |

续表

| 时间 | 温度 | 颜色 | 气味 | 备注 |
|------|------|------|------|------|
|      |      |      |      |      |
|      |      |      |      |      |
| …… |      |      |      |      |

（2）讨论黑茶渥堆中的技术影响因素。

### 思考题

1. 在贵州气候环境下实施的渥堆技术有什么特点？
2. 贵州研发生态黑茶的意义是什么？

# 实训二十六　黑毛茶加工

## （一）实训目的

通过实训，了解黑毛茶加工的基本原理，掌握黑毛茶加工的基本技术过程，熟练黑毛茶加工的基本技能。

## （二）相关知识

黑毛茶是指没有经过压制的黑茶。黑毛茶外形条粗叶阔，色泽黑褐油润，是制作多种黑茶的原料。在湖南，黑毛茶（图7-2）一般用来压造砖块形的茯砖茶、黑砖茶、花砖茶、青砖茶和篓包装的天尖、贡尖、生尖。

黑毛茶的制造工艺分杀青、初揉、渥堆、复揉、干燥五道工序，而其对鲜叶的要求也有分级：一级鲜叶要求一芽二三叶，二

图7-2　湖南黑毛茶干茶样品

级一芽三四叶，三级一芽四五叶，四级一芽五六叶或开面叶。

湖南黑毛茶初加工工艺流程：

$\boxed{鲜叶} \rightarrow \boxed{杀青} \rightarrow \boxed{揉捻} \rightarrow \boxed{渥堆} \rightarrow \boxed{复揉} \rightarrow \boxed{干燥}$

所制黑毛茶分为四级：一级、二级用于加工天尖、贡尖；三级用于加工花砖和特制茯砖；四级用于加工普通茯砖和黑砖。

（1）鲜叶 一级以一芽三四叶为主，二级以一芽四五叶为主，三级以一芽五六叶为主，四级以对夹新梢为主。有的地区每年采两次，第一次在五月中旬，第二次在九月中下旬；有的地区每年采3次，第一次在五月上中旬，第二次在七月上旬，第三次在九月下旬到十月上旬。

（2）杀青 由于原料较老，水分含量低，不易杀匀杀透，所以在杀青前一般按照茶：水=10：1的比例喷加施水，进行杀青。

①手工杀青：杀青锅温在240~300℃，杀青时间为一级、二级鲜叶4~5min，三级、四级鲜叶6~7min，至嫩叶缠叉，叶软带黏性，具有清香时即为杀青适度，立即将茶叶扫出，趁热揉捻。

②机械杀青：采用杀青机，根据鲜叶老嫩、水分调节锅温进行闷炒和适时抖炒方式。

（3）初揉 鲜叶杀青后，趁热揉捻，使大部分粗大茶叶初步皱折成条，茶汁依附于叶面，叶细胞破碎率达20%以上，为渥堆的理化变化创造条件。揉捻掌握轻压、短时、慢揉为宜，揉捻机转速以37r/min，加轻压或中压15min效果为好。

（4）渥堆 初揉的茶坯，无须解块直接进行渥堆（黑茶特有工序，对黑茶品质起决定性作用）。

①渥堆应选择背窗、洁净的地面，避免阳光直射。

②初揉后茶坯立即堆积起来，高约1m，上面加盖湿布，借以保湿。

③室内温度25℃以上，相对湿度85%左右，茶坯含水量在65%左右。

（5）复揉 因渥堆之后茶条发生回松现象，需再经复揉使茶条卷紧，叶细胞破碎率达30%以上，从而增进外形和内质，揉捻机转速以37r/min，加轻压或中压10min效果为好。

（6）干燥 经过渥堆工序，解块复揉后的茶坯，传统干燥采用七星灶烘焙，用松柴明火烘焙，分层累加湿坯和长时间一次干燥法，下烘时毛茶含水量在8%左右，使黑茶形成油黑色并带有松烟香。干燥适度标志：叶色油黑纯一，梗易折断，捏叶成粉末，干嗅有锐鼻的松烟香。

## （三）实训准备

（1）一芽四五叶以上鲜叶原料若干。

（2）80型或100型杀青机一台。

（3）55型或65型揉捻机一台。

（4）100型炒干机或者连续式烘干机。

## （四）实训步骤

（1）杀青　准备好不同规格的茶鲜叶，用大型杀青机按照黑毛茶杀青工艺处理，不同规格鲜叶注意要看茶制茶，掌握好技术措施。

（2）揉捻　用大型揉捻机进行揉捻时注意加压、时间适宜，适当使用热揉技术，方便粗老叶子形成叶条。

（3）渥堆　无须解块直接进行渥堆，期间进行观察直至适宜，注意掌握加工时间。

（4）复揉　再次揉捻处理。

（5）干燥　复揉捻后叶子直接进入炒干机，炒干收条；或使用连续式烘干机分次干燥。

## （五）注意事项

（1）鲜叶选择可以使用较成熟的大枝叶或者较嫩的修剪枝叶。

（2）杀青时注意观察叶子的水分，调节洒水灌浆的水分。

（3）有条件尽量使用大型杀青机和揉捻机，便于对粗老鲜叶的处理。

（4）茶叶机械使用过程注意安全。

## （六）结果与讨论

（1）观察黑毛茶加工过程中的各项技术因素，填入表7-2，并对加工后的品质做审评，填入表7-3。

表7-2　不同加工参数黑毛茶加工

|  | 鲜叶原料 | 杀青 | 揉捻 | 干燥 | 成品 |
|---|---|---|---|---|---|
| 参数1 |  |  |  |  | 1 |
| 参数2 |  |  |  |  | 2 |
| …… |  |  |  |  |  |
|  |  |  |  |  |  |

表7-3　不同参数加工黑毛茶审评表

| 成品 | 外形 | 内质 | | | |
|---|---|---|---|---|---|
| | | 香气 | 滋味 | 汤色 | 叶底 |
| 1 | | | | | |
| 2 | | | | | |
| …… | | | | | |

（2）讨论加工技术对黑毛茶品质的影响。

### 思考题

1. 湖南黑毛茶加工对贵州生态黑茶的借鉴意义是什么？
2. 贵州茶鲜叶原料做黑毛茶是否有优势？

# 实训二十七　贵州生态黑茶加工

## （一）实训目的

通过实训，了解贵州生态黑茶的渥堆生产技术原理，掌握贵州生态黑茶的生产技术加工参数及生产流程。

## （二）相关知识

贵州安顺市镇宁县金瀑农产品开发有限责任公司在贵州研发了贵州生态黑茶，并在贵州牵头成立贵州生态黑茶技术联盟，所制作的黑茶产品具有贵州茶的独特品质特征。

2019年2月发布的Q/JPNCP 0001S—2019《过江龙黑茶》是贵州首个黑茶企标，主要包含下列内容。

（1）金瀑黑茶　以茶树鲜叶和嫩梢为原料，经杀青、揉捻、渥堆、干燥等加工工艺制成的黑茶。

（2）产品分类

①产品：产品分为紧压茶、散茶两种。产品名称应根据加工工艺和品质的不同来区分和命名。

②实物标准样：各产品的实物标准样每五年换样一次；实物标准样的制备应符合GB/T 18795—2012《茶叶标准样品制备技术条件》的规定。

（3）要求

①基本要求：应具有产品的正常色、香、味，无异味、无异嗅、无劣变，不含有非茶类物质，不着色、无任何添加剂。

②感官品质：感官品质应符合表7-4规定。

表7-4　感官品质

| 类别 | 外形 | | | | 内质 | | | | 检验方法 |
|------|------|------|------|------|------|------|------|------|----------|
| | 条索 | 整碎 | 色泽 | 净度 | 香气 | 滋味 | 汤色 | 叶底 | |
| 散茶 | 尚紧 | 尚匀 | 褐色 | 尚净 | 纯正 | 纯和 | 橙黄、尚亮 | 褐、尚完整 | GB/T 23776 |
| 紧压茶 | 团块状、规整、松紧适度 | | | | 纯正 | 纯和 | 橙黄、尚亮 | 褐、尚匀 | |

注：当产品感官品质要求有争议时，应以相应产品的实物标准样为准。

③理化要求：理化要求应符合表7-5规定。

表7-5　理化要求

| 项目 | | 指标 | | 检验方法* |
|------|------|------|------|----------|
| | | 紧压茶 | 散茶 | |
| 水分（质量分数）/% | ≤ | 15.0 | 12.0 | GB 5009.3 |
| 水浸出物（质量分数）/% | ≥ | 22.0 | 24.0 | GB/T 8305 |
| 总灰分（质量分数）/% | ≤ | 8.5 | 8.0 | GB 5009.4 |
| 粉末（质量分数）/% | ≤ | — | 1.5 | GB/T 8311 |
| 茶梗（质量分数）/% | ≤ | 10.0 | — | GB/T 9833.1 |
| 铅（以Pb计）/（mg/kg） | ≤ | 4.5 | | GB 5009.12 |
| 六六六总量/（mg/kg） | ≤ | 0.2 | | GB 2763 |
| 滴滴涕总量/（mg/kg） | ≤ | 0.2 | | GB 2763 |

续表

| 项目 | | 指标 | | 检验方法* |
| --- | --- | --- | --- | --- |
| | | 紧压茶 | 散茶 | |
| 顺式氰戊菊酯/（mg/kg） | ≤ | 10 | | GB 2763 |
| 氟氰戊菊酯/（mg/kg） | ≤ | 20 | | GB 2763 |
| 氯氰菊酯/（mg/kg） | ≤ | 20 | | GB 2763 |
| 溴氰菊酯/（mg/kg） | ≤ | 10 | | GB 2763 |
| 氯菊酯/（mg/kg） | ≤ | 20 | | GB 2763 |
| 乙酰甲胺磷/（mg/kg） | ≤ | 0.1 | | GB 2763 |

*试样的制备按GB/T 8303—2013《茶磨碎试样的制备及其干物质含量的测定》的规定。

④净含量：定量包装产品应符合国家质监总局（2005）75号令《定量包装商品计量监督管理办法》的规定；净含量的检验按JJF 1070—2005《定量包装商品净含量计量检验规则》的规定进行。

⑤其他污染物限量：应符合GB 2762—2017《食品安全国家标准　食品中污染物限量》的规定。

⑥其他农药最大残留限量：应符合GB 2763—2019《食品安全国家标准　食品中农药最大残留限量》的规定。

⑦生产加工过程卫生要求：生产加工过程卫生要求应符合GB 14881—2013《食品安全国家标准　食品生产通用卫生规范》的规定。

## （三）实训准备

（1）贵州生态黑茶渥堆生产车间。
（2）贵州生态黑茶压制生产线。
（3）贵州生态黑茶各类成品或半成品。

## （四）实训步骤

（1）联系生态黑茶生产企业。
（2）按企业安排做好准备，进入企业参观渥堆生产车间，听取企业技术人员介绍。

（3）通过参观生态黑茶生产过程，了解相应的生态黑茶生产技术工艺流程，记录相关的技术参数。

（4）审评公司的生态黑茶成品，记录各类产品相关的品质参数，并选取有对比性的外省黑茶产品进行品质比较，找出贵州生态黑茶的品质特性。

## （五）注意事项

（1）遵守参观企业的规章制度，服从参观安排。

（2）在生产车间中收集资料时注意做好个人安全保护。

（3）进入企业车间、仓库、展示厅时做好生产卫生防护工作，确保生态黑茶茶产品的食品安全。

## （六）结果与讨论

（1）记录贵州生态黑茶渥堆的技术特点，填入表7-6，并讨论加工技术中的参数要点。

表7-6　贵州生态黑茶技术标准参数表

| 类别 | 技术参数 |
|---|---|
| 原料标准 | |
| 杀青标准 | |
| 渥堆标准 | |
| 压制标准 | |

（2）记录贵州生态黑茶的品质特征，填入表7-7，并讨论其产品品质与其他黑茶对比的特性。

表7-7　贵州生态黑茶品质特征表

| 产品 | 品质特征 | | | | |
|---|---|---|---|---|---|
| | 外形 | 香气 | 滋味 | 汤色 | 叶底 |
| | | | | | |
| | | | | | |
| | | | | | |
| | | | | | |
| | | | | | |
| | | | | | |

注：产品审评时可以选择2~3种其他黑茶对比样。

### ⸮ 思考题

1. 贵州生态黑茶的特点是什么?
2. 贵州生态黑茶与其他省份的黑茶相比具有什么独创性?

## 实训二十八　渥红技术

### （一）实训目的

通过实训，了解红茶的渥红技术原理，熟悉渥红对温度、湿度、时间的要求，掌握渥红技术操作技能。

### （二）相关知识

（1）渥红的实质　红茶渥红也称发酵（图8-1），是红茶制作的关键工序，可直接影响茶的汤色、香气及滋味。在17世纪初中国制作出红茶，就引起了世界的关注，科学家们不断争论：为什么绿色的鲜叶可以变为红色的茶叶呢？有科学家

**图8-1　渥红叶样品**

认为，这是一般的氧化作用，把它称为"自然的化学反应"。

1890年，日本的古在油泽（Kosaiy）从茶叶中分离出细菌，因此首先提出茶叶的红变是微生物作用的结果，与一般食品的发酵完全相同，从此发酵一词就开始被用在红茶的制作上。现在，常用的红茶发酵也就由此所引起的。1901年，印度的曼思（Mann H.）在无意中采用消菌法，用三氯甲烷把细菌杀死来做实验，却发现没有细菌的茶叶仍然可以红变，因此，微生物之说并不能成立，因为茶叶的红变与微生物无关。1900年班伯（Bamber M.K.）在锡兰、泰宁加、爪哇三地分别从茶叶中分离出一种相同的酶，同时，经过不断的反复实验，结果证明鲜叶变红就是这种酶的作用。1901年，日本麻生（Aso）证明茶叶中含有一种酶。同年，牛顿（C. R.Newton）证明发酵是酶的作用，并定名为茶酶。1902年班伯（Bamber M.K.）和莱特（H.Wright）发表酶的发酵学说，酶的发酵学说终于成为红茶制法的研究中心。1908年卫尔逊（H.L.Welter）证明酸类能组织酶的作用，他在实验中只用少量的硫酸就促使茶叶的发酵停止。因此肯定红茶发酵的机制是酶的作用，在没有酶的作用，茶叶不会红变，酶的发酵学说终于确立。

后来科学家们认同，茶叶的发酵是本身所含酶的作用，这种酶可以在无氧状态下发生作用，因此，也有人称这种现象为无氧状态下的"酶促作用"。到了1935年，曼斯卡亚（Mahckar）和1947年波库恰瓦（Bokyuaba）等分别又发现其中的多酚氧化酶和过氧化酶是制作红茶的主要酶类，这两种酶主要是针对茶叶中的多酚类物质为底物而产生的氧化作用。因此，红茶发酵的实质，是多酚氧化酶和过氧化酶对茶叶中的多酚类物质（其中以儿茶素为主体）的酶促作用的生化反应。

（2）红茶渥红（发酵）的生化机制　茶叶红变的问题，历史上曾经有过单纯的化学变化观点，把它看成是自然的氧化。自从在茶叶中发现酶之后，并经过多年的反复实验所得出的结果才证实，茶叶的红变是由酶的作用所产生的生化反应。

红茶的发酵，是茶叶本身的多酚氧化酶和过氧化酶对茶叶中的多酚类物质，主要为儿茶素的催化、氧化而形成邻醌。邻醌是中间产物，再由邻醌进一步聚合成为茶黄素和茶红素，这就是红茶发酵的机制。也就是说，红茶发酵从鲜叶揉捻开始，叶组织遭受损伤，细胞揉破，茶汁外溢，使底物与酶充分接触，儿茶素氧化大大加速产生邻醌，在正常的情况下，邻醌遇到水分，又会还原变成儿茶素，只是水源一旦被截断，发酵就进行。邻醌产生快速增加而不能及时还原，邻醌便聚合成有色物质，这是红茶发酵中引起叶色变红的主要原因。

红茶发酵中茶色素的形成主要是以儿茶素的二聚物和低聚合物为主体。红茶色素的成分主要是茶红素和茶黄素。茶红素是主体组分，其含量占茶色素总量的80%以上，是酚类氧化聚合的异质类群，从中已检测出儿茶素的二聚物、低聚合物和少量聚合体。茶红素的形成过程，是儿茶素在多酚氧化酶催化下氧化形成邻醌，邻醌再聚合成联苯酚醌，联苯酚醌经歧化作用产生了茶黄素和双黄烷醇，茶黄素与双黄烷醇再由过氧化酶的催化下氧化形成茶红素。但在缺氧的状态下，过氧化酶也可以将儿茶素直接氧化聚合成茶红素，只是必须要有水分。

因此，红茶发酵机制是茶叶中的多酚类物质，以儿茶素为主体的黄烷醇类化合物在酶的作用下氧化转为有色物质的化学反应。

（3）红茶渥红（发酵）过程中的物质变化

①多酚类及色素物质的变化：红茶发酵过程，以儿茶素为主的多酚类物质，特别是以氧化还原电位较低的L-表没食子儿茶素和没食子酸酯在多酚氧化酶与过氧化物酶的催化作用下发生酶促氧化反应，生成有色氧化产物茶红素（TF）和茶黄素（TR），并部分与蛋白质结合成不溶性化合物，构成了茶汤色的主要色素物质。1985年英国皇家学院科学家罗伯特（Roberts）的红茶发酵学说中儿茶素变化模式如图8-2所示。

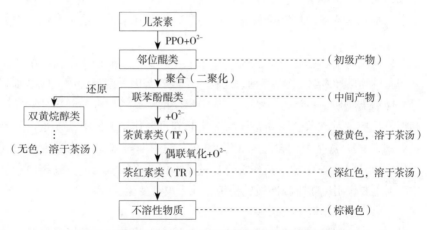

图8-2 罗伯特（Roberts）红茶发酵学说中儿茶素的变化模式

红茶从发酵开始到结束，儿茶素总量约减少了56.5%，在发酵过程中，儿茶素通过苯比环化反应形成茶黄素类物质，茶黄素还可进一步转化成茶萘酚醌、脱氢茶黄素以及高聚合物；同时，儿茶素可通过二聚合反应产生原花青素类和双黄烷醇类等物质。红茶水溶性多酚类保留量为50%～55%，以酯型儿茶素为主，是茶汤浓度、强度的主体成分，只有适度发酵，多酚类保留适当且与其他水溶性物质相协调，使茶汤爽口而不苦涩，浓强度和收敛性高。茶黄素是红茶汤色亮度、滋味强度和鲜度及茶汤"金圈"的主要成分；茶红素是汤色"红"度及滋味浓度的重要成分，茶褐素则使汤色昏暗，滋味平淡，是影响红茶汤淡的主要原因。叶绿素则在揉捻和发酵过程中与多酚类物质处于混合体，受多酚类物质大量酶促氧化的影响，发生水解和脱镁等降解反应，其降解产物与茶红色（TF）和茶黄素（TR）同时构成干茶色泽和叶底色泽。

②香气物质的变化：渥红（发酵）是红茶香气品质形成的关键工序，红茶的香气基本是在发酵中形成的。在发酵时，红茶中的芳香物质几乎都呈增多趋势，其中以沉香醇和苯甲醇、苯乙醇的增幅较大，这些物质同时与儿茶素类物质的酶促氧化导致红茶氧化变化从而促进香气的形成。红茶加工中起到关键作用的氧化还原酶类和水解酶类的两大酶促反应，与糖苷存在的键合态香气化合物前体及其水解酶$\beta$-葡萄糖苷酶与$C_6$-醛、醇等生成有关的亚麻酸、脂肪加氧酶及醇脱氢酶等对红茶香气生成至关重要。红茶加工中氨基酸变化复杂，在酶和邻醌作用下，使氨基酸氧化成醇、醛类香气，并与还原糖类发生美拉德反应（又称非酶棕色化反应，Maillard）反应，经过斯特雷克（Strecker）降解生成醛类、吡嗪类、吡咯类香气物质及黑色素，形成了红茶焦糖香及色泽油润的特点。红茶香气形成主要包括高级脂肪酸转化成醇和醛类、醇类氧化、醇和酸衍生芳香物质、醇和酸酯化、内酯形成、胡萝卜素降解、氨基酸降解、糖苷水解、芳香物质异构化、热效应等生成途径。正是这些途径使红茶具有浓郁的甜花香和水果香，这是其他茶类所不能比拟的。

③滋味物质的变化：红茶强烈的鲜爽味主要产生在发酵过程中，红茶在发酵时，单糖含量约增加2倍以上，双糖、淀粉、果胶等都因发酵过程中大幅度水解，产生可溶性糖类物质，可溶性糖类在红茶中不仅增加茶汤甜醇的滋味，又发生焦糖化和糖氨反应，对红茶色泽和香气的形成起到重要作用，发酵初期蛋白质水解成十几种氨基酸，氨基酸的含量有所增加，发酵后期氨基酸由于脱羧和脱氨作用，转化形成其他芳香物质，氨基酸的含量基本保持平衡状态，对红茶醇和鲜爽的滋味起到重要作用；咖啡因性质较稳定，几乎没有变化。

（4）影响渥红（发酵）的条件

①发酵温度：温度是影响发酵质量的重要因素，其中包括环境温度和叶面温度两个方面。发酵温度过高或过低都不利于红茶品质的形成。发酵温度过低，酶活力低，多酚类物质氧化聚合，不论在数量上或是质量上都难完成，影响发酵进程；温度过高，多酚类物质的酶促氧化缩合成不溶性产物过多，影响红茶品质，使成茶香气低，滋味淡、汤色暗。所以发酵温度宜低不宜高，一般控制在25～35℃。有研究在其他条件控制一致时，分别设置温度16、22、28℃和34℃，结果显示发酵温度为22℃和28℃时红茶品质较好，其中22℃时茶红素（TF）含量最高，28℃次之；28℃时茶黄素（TR）含量最高，22℃次之。研究说明在一定温度范围低温发酵有利于茶红素的积累，高温发酵有利于茶黄素的积累。联合红茶变温发酵理论认为红茶发酵前期采用相对高温、中后期采用相对低温的发酵方法，有利于茶红素的形成的积累，提高红茶亮的品质。发酵温度可以通过人工控制，如在发酵室安装温度控制设备，在温度较低时及时增温增湿，也可以通过摊叶厚度、适时翻堆来实现温度调控，以防温度过高或过低。小厂房在发酵温度过

低时，也可以用炭火加温，提高发酵温度，但注意保持湿度。

②空气湿度：发酵时若室内空气干燥，叶面水分蒸发快，表面水分就会失水干硬，使正常发酵受阻，所以当相对湿度掌握在63%～83%时，发酵叶的花青暗条达25%～32.5%；而当相对湿度提高到89%～93%时，花青暗条减少至16%～18.6%。说明发酵在相对湿度高的条件下比湿度低时发酵质量好。一般要求发酵环境的相对湿度达到90%以上，可以通过喷雾、加湿器及覆盖湿布、洒水等措施增湿。

③发酵时间：红茶的发酵时间长短与叶质老嫩、揉捻方式及发酵温度等条件有关。工夫红茶的品质形成与发酵时间在一定范围内呈正反比关系，当达到发酵适度前，时间越长品质越好；当达到发酵适度后，发酵时间越长，其品质逐渐下降。当发酵时间短时，产生的茶红素、茶黄素较少，但是汤色更亮、香气指数高。例如，用春兰品种制工夫红茶，当温度在25～28℃、相对湿度在75%～85%时，发酵时间控制在3～3.5h做出的工夫红茶品质最好。而在茶黄素含量较高的红碎茶研究试验中显示快速揉切发酵技术有利于茶黄素的形成，揉捻全程要求时间短，减少茶多酚在揉捻中的发酵，发酵时间可以较准确地控制，以45min为佳，制成的红茶茶黄素含量高、品质优。发酵时间只是衡量发酵程度的一个参考指标，不能单看时间的长短，发酵是否应该终止还应以发酵程度为准。发酵适度一般以叶色基本变为红黄色，青气消失，透发清香至花果香显现为标准，大批生产的最好开汤看叶底，检查发酵程度。一般春季气温低，发酵必须充分，时间稍长；夏秋季气温高，发酵进展快，发酵叶已经达到适度即可结束发酵。

④环境通气状况：红茶发酵过程中多酚类物质的氧化需要消耗大量的氧气，同时放出二氧化碳。据中国农业科学院茶叶研究所研究表明，生产1kg红茶，需要消耗4～5L氧气。从揉捻到结束每100kg叶子可放出30L二氧化碳。在缺氧的条件下，即使温度、湿度达到条件，发酵也不能进行，从而导致红茶品质劣变。所以必须保持室内空气新鲜，提供足够的氧气，及时排除二氧化碳，发酵室应设置在空气流通处，在发酵室墙壁上安装排气扇，需要时常打开，使空气流通。同时控制摊叶厚度保持茶叶通气正常，一般摊叶厚度为8～10cm为宜，嫩叶和小型叶薄摊，老叶和大叶厚摊，气温低时厚摊放，气温高时薄摊，摊叶时要抖松摊匀，保持通气良好。

## （三）实训准备

（1）一芽二叶茶鲜叶若干。

（2）温度计，湿度计，喷壶，棉布，簸箕，揉捻机（35#），烘笼，电炒锅。

（3）全自动红茶发酵机（图8-3）。

图8-3　全自动红茶发酵机

（四）实训步骤

（1）采用萎凋工序得到合适的萎凋叶。

（2）采用揉捻工序得到合适的揉捻叶。

（3）渥红工序，将揉捻叶放入全自动红茶发酵箱，温度保持在25～30℃，相对湿度90％以上，每隔1h观察叶子变化情况并记录，叶子渥红程度适度后取出。

（4）采用干燥工序后得到红茶成品。

（五）注意事项

（1）电炒锅、烘笼、揉捻机、红茶发酵箱打开电源前要进行漏电检查，强调用电安全。

（2）在进行萎凋工艺时，注意对单片叶、老叶和鱼叶的捡剔处理，从鲜叶源头保证茶的净度。

（3）在渥红时随时注意茶青叶色、香气的变化，合理控制青叶的温度、湿度及通风。

（六）结果与讨论

（1）观察渥红过程中叶子的变化并记录，填入表8-1。

表8-1　渥红过程中叶子的变化记录表

| 渥红时间/h | 叶色 | 气味 | 手握青叶感触 |
|---|---|---|---|
| 1 | | | |
| 2 | | | |
| 3 | | | |
| 4 | | | |
| …… | | | |
| | | | |
| | | | |

（2）讨论渥红技术中哪个要素比较重要。

📝 思考题

贵州的茶青原料，在渥红技术要求上有什么不同？

# 实训二十九　渥红叶相变化观察

## （一）实训目的

通过实训，掌握渥红工序技术，熟悉渥红时叶相随时间的变化过程，并能够运用渥红技术参数进行渥红操作，掌握渥红程度控制技能。

## （二）相关知识

红茶渥红的目的在于促进内含物发生深刻变化，为形成红茶特有的色、香、味品质准备基质。红茶渥红的实质，是以多酚类化合物深刻氧化为核心的化学变化过程。

贵州湄潭茶叶研究所（1974—1975年）提出按"发酵"叶不同红变程度分成六个叶相等级如表8-2所示。

表8-2　"发酵"叶不同叶相表现状态表

| 叶相级别 | 叶色 | 气味 |
|---|---|---|
| 一级叶相 | 青绿色 | 有强烈青草气 |
| 二级叶相 | 青黄色 | 青草气 |
| 三级叶相 | 黄色 | 青香 |
| 四级叶相 | 黄红色 | 花香或果香 |
| 五级叶相 | 红色 | 熟香 |
| 六级叶相 | 暗红色 | 低香 |

（1）红茶渥红时（图8-4）叶相随渥红时间、温度、湿度而发生变化。

①渥红时间：贵州小叶红茶（一芽二叶原料）正常情况下渥红6~8h。但原料的老嫩，天气的冷热，萎调时的空气干湿度及揉捻程度不尽相同，正常的渥红时间也会发生变化。

一般幼嫩叶、揉捻充分的原料、渥红温度高的叶子发酵快，时间相对短一些，反之则时间要长一些。渥红时间只是一个参考指标，是否应该终止渥红，还需根据具体的渥红程度来判定。判定渥红适度一般以叶色基本变为红黄色，青气消失，花果香显现为标准。如果是大批量生产最后用审评的方法看汤色、尝滋味、看叶底，检查渥红程度。

②渥红温度：温度对渥红质量的影响较大，包括气温与叶温两个方面。气温的高低直接影响叶温高低。发酵过程中，多酚类化合物氧化放热，使叶温提高。

图8-4　渥红操作场景

叶温有一个由低到高再低的变化规律。发酵的叶温以保持在30℃为宜，气温则以24~25℃为佳。如叶温过高、超过40℃，发酵变化过分激烈，使毛茶香低味淡、色暗，严重损害品质。所以在高温季节里要采取降温措施，摊叶要薄，以利于散热降温。温度过低，发酵时间延长，内质转化不能全面发展，因此在叶温过低时，就应加厚叶层以利于保温，必要时采取其他的加温措施。

③渥红湿度：渥红时若室内空气干燥，叶面水分蒸发快，表面水分就会失水干硬，使正常发酵受阻，所以当相对湿度控制在63%~83%时，渥红叶的花青暗条达25%~32.5%；而当相对湿度提高到89%~93%时，花青暗条减少至16%~18.6%。说明渥红在相对湿度高的条件下比湿度低时渥红质量好。一般要求渥红环境的相对湿度达到90%以上，可以通过喷雾、加湿器及覆盖湿布、洒水等措施增湿。

④渥红氧气条件：红茶渥红过程中多酚类物质的氧化需要消耗大量的氧气，同时放出二氧化碳。在缺氧的条件下，即使温度、湿度达到条件，也会因发酵不能进行从而导致红茶品质劣变。所以必须保持室内空气新鲜，提供足够的氧气，及时排除二氧化碳。

⑤摊叶厚度：摊叶厚度影响通气和叶温。摊叶过厚，通气条件不良，叶温增高快；摊叶过薄，叶温不易保持。一般摊叶厚度以8~10cm为宜。嫩叶和叶型小的薄摊，老叶和叶型大的厚摊；气温低时要厚摊。气温高时要薄摊。摊叶时要抖松摊匀，不能紧压，以保持通气良好。发酵过程中适时翻抖，以利通气，使发酵均匀一致。

（2）渥红适度的判定　酶促氧化作用是影响红茶特有品质特征形成的主要化学变化，这一学说已得到学术界的一致认可。氧化变化是属于放热反应，因此，红茶渥红的前期阶段渥红叶的叶温将会增加，随着多酚类的氧化反应逐渐减弱，释放能量逐渐减少，渥红叶的叶温也会降低。此时随时间的变化叶相特征也呈有规律的变化，叶色由青绿、黄绿、黄、红黄、黄红、红、紫红到暗红色。香气则由青气、清香、花香、果香、熟香，以后逐渐低淡，发酵过度时出现酸馊味。其六级叶相变化见图8-5。

渥红程度的掌握，是把握渥红质量的重要环节，因此必须严格掌握渥红程度。可以采用测量渥红叶温作为判断渥红程度的辅助手段，在操作时在将温度计插入渥红叶中，当叶温达到最高峰并开始平稳时视为正常渥红状态，当叶色发生明显变化并呈黄红色时就需要时刻关注渥红叶，同时关注叶发出的气味，一旦出现果香味就需立即终止渥红，严防渥红过度。可用"过红锅"的方法来终止渥红，先炒，然后转入烘干工序。

（1）一级叶相　　　　　　　　　（2）二级叶相

（3）三级叶相　　　　　　　　　（4）四级叶相

（5）五级叶相　　　　　　　　　（6）六级叶相

图8-5　渥红程度叶相区别

## （三）实训准备

（1）一芽二三叶茶鲜叶若干。

（2）温度计，湿度计，喷壶，棉布，簸箕，揉捻机（35#），烘笼，电炒锅。

（3）全自动红茶发酵机或者发酵箱。

## （四）实训步骤

（1）采用萎凋工序得到合适的萎凋叶。

（2）采用揉捻工序得到合适的揉捻叶。

（3）渥红工序，将揉捻叶放入全自动红茶发酵箱，温度保持在25～30℃，相对湿度90%以上；或者放入发酵箱在适合的条件下渥红，每隔1～2h观察叶子变化情况并记录，叶子渥红程度适度后取出。

（4）对照各级叶相形成的时间并记录。

## （五）注意事项

（1）电炒锅、烘笼、揉捻机、红茶发酵箱打开电源前要进行漏电检查，强调用电安全。

（2）在渥红时随时注意茶青叶色、香气的变化，合理控制青叶的温度、湿度及通风。

（3）观察叶相时对应渥红叶其他状况记录，在观察叶色变化时要在光线好的自然光下或白炽光下进行观察。

## （六）结果与讨论

（1）观察渥红过程中叶子的变化并记录，填入表8-3。

表8-3　渥红工序不同叶相记录表

| 渥红时间/h | 叶色 | 气味 | 对应叶相 |
|---|---|---|---|
| 1 | | | |
| 2 | | | |
| 3 | | | |
| 4 | | | |
| …… | | | |
| | | | |
| | | | |

（2）讨论针对贵州气候特点，如何科学掌握不同叶相的鲜叶形态。

📖 思考题

贵州小叶红茶加工时，对应的叶相选择哪一级比较适合？

## 实训三十　小种红茶加工技术

### （一）实训目的

通过实训，了解小种红茶制作的技术，掌握小种红茶制作工序流程和制作技能。

### （二）相关知识

贵州各地的红茶制作中，对幼嫩鲜叶的名优红茶，大部分使用了小种红茶工艺制作，并在工艺上进行了一定的改进，但基本制作原理还是参照了福建省小种红茶制法。

（1）小种红茶的种类

①正山小种：正山小种取名的初衷是古人用于区分其他工夫红茶或外山小种。正山小种原产地就在武夷山市星村镇桐木关一带，"正山小种"与"外山小种"是相对而言。而"小种"是指其茶树品种为小叶种，且产地地域及产量受地域的小气候所限之意。所以"正山小种"也称"桐木关小种"或"星村小种"。

②烟正山小种：采用正山小种为原料，用大块的松木烘焙之后。再经过第二道松枝熏焙工艺的正山小种，称"烟正山小种"。"烘焙"利用的是松木在燃烧过程产生的热量和少量的烟。而"熏焙"利用的是松枝在燃烧过程中产生的大量的烟。

③外山小种：在小种红茶畅销时期，福建闽东、闽北政和县、邵武市、光泽县、福安市坦洋村、闽侯县东北岭、屏南县、古田县以及江西铅山县等都有用正山小种相同的工艺进行仿制的小种红茶。产品品质不高，质地较差，统称外山小种、人工小种、工夫红茶、假小种。

④烟小种：用外山小种作为原料，采正山小种的工艺再经过松枝烘熏工艺制得的小种茶，称为"烟小种"。

⑤金骏眉：采取桐木正山产区的菜茶品种茶树的单芽，经创新工艺制作而成。金骏眉外形细小而紧秀。颜色为金、黄、黑相间。条索紧结纤细，圆而挺直，有锋苗，身骨重，匀整。开汤汤色金黄，水中带甜，甜里透香，杯底花果香显，具有"清、和、醇、厚、香"的特点。耐泡耐高温水冲泡，口感仍然饱满甘甜，叶底舒展后，芽尖鲜活，秀挺亮丽。

⑥银骏眉：银骏眉与金骏眉的区别主要是采摘标准不同，多是一芽一叶。

⑦赤甘：赤甘分大赤甘、小赤甘。与金骏眉、银骏眉的不同更多在于级别不

同和采摘的标准不同。多是一芽两叶初展或开展。其中叶初展未开张的茶青所制为小赤甘，叶开张的为大赤甘。

（2）小种红茶与工夫红茶的区别——过红锅　这是小种红茶初制过程的特殊工艺。其目的在于利用高温阻止酶活力，中止多酚类的酶促氧化，保持一部分可溶性多酚类不被氧化，使茶汤鲜浓，滋味甜醇，叶底红亮展开；散发青草气，增进茶香；同时散失部分水分，叶质变软，有利于复揉。

（3）贵州红茶有工夫红茶和小叶红茶（图8-6）两种做法，一般产品以小叶幼嫩鲜叶原料、参考小种红茶工艺改进加工形成的贵州小叶红茶为主，主要是名优红茶，如遵义红、普安红、安顺小叶红茶等，芽叶多采用一芽一二叶，条索紧细，多披金毫，汤色为金黄明亮，香气为木薯甜香。

**图8-6　贵州小叶红茶干茶样品**

## （三）实训准备

（1）鲜叶（单芽、一芽一叶或一芽二叶初展）。

（2）温度计，湿度计，喷壶，棉布，簸箕，揉捻机（35#），烘笼，电炒锅。

（3）全自动红茶发酵机。

## （四）实训步骤

贵州小叶红茶一般加工工艺流程为：

茶青 → 萎凋 → 揉捻 → 发酵 → 过红锅 → 复揉 → 干燥 → 毛茶。

（1）萎凋　小种红茶的萎凋有自然萎凋与人工萎凋两种方法。

贵州天气雨水较多，晴天较少，一般可采用室内加温萎凋，目前较多采用多层摊青竹匾，辅助热风机在室内进行。日光萎凋在晴天室外进行。其方法是在空地上铺上竹席，将鲜叶均匀撒在青席上，在阳光作用下萎凋。

（2）揉捻　茶青萎凋适度后即可进行揉捻。揉捻可用人工揉至茶条紧卷，茶汁溢出，或用揉茶机进行，可根据青叶的数量决定揉捻方式。

（3）发酵　小种红茶采用热发酵的方法，将揉捻适度的茶坯置于竹篓内压紧，上盖布或厚布。茶坯在自身酶的作用下发酵，经过一定时间后当茶坯呈红褐色，并带有清香味，即可取出过红锅。

（4）过红锅　过红锅（图8-7）是小种红茶的特有工序，作用在于终止酶的作用，停止发酵，以保持小种红茶的香气甜纯，茶汤红亮，滋味浓厚。其方法是当铁锅温度达到要求时投入发酵叶，用双手翻炒。这项炒制技术要求较严，过长则失水过多容易产生焦叶，过短则达不到提高香气增浓滋味的目的。

**图8-7　过红锅场景**

（5）复揉　经炒锅后的茶坯，进行复揉，使回松的茶条紧缩。方法是下锅后的茶坯即趁热放入揉茶机内，待茶条紧结即可。

（6）干燥　将复揉后的茶坯置于焙笼里进行烘焙，以增进小种红茶的特殊香味。

（五）注意事项

（1）电炒锅、烘笼、揉捻机、红茶发酵箱打开电源前要进行漏电检查，强调用电安全。

（2）注意渥红时青叶的状态，宁可偏轻，不要渥红过度。

（3）注意控制过红锅时的锅温和炒制时间，切勿炒干、炒煳影响品质。

（六）结果与讨论

（1）观察贵州小叶红茶加工的成品，记录各项品质特征，填入表8-4。

表8-4　贵州小叶小种红茶品质特征记录表

| 外形 | 内质 | | | | 备注 |
|---|---|---|---|---|---|
| 特征描绘 | 香气 | 滋味 | 滋味 | 叶底 | |
| | | | | | |

（2）讨论加工过程中哪项技术因素比较重要。

### 思考题

贵州小叶红茶的特征是什么？

# 实训三十一　工夫红茶加工技术

（一）实训目的

通过实训，了解工夫红茶制作的技术要素，熟悉工夫红茶的加工工艺流程，掌握工夫红茶的加工技能。

（二）相关知识

工夫红茶是我国特有的红茶品种，也是我国传统出口商品，一般代指品质较高的红茶。因为其制作工艺麻烦、很费工夫而得名。

（1）工夫红茶的历史　18世纪我国在小种红茶的基础上发展创制出工夫红茶，而红碎茶的出现则始于20世纪20年代的印度。世界红茶生产又以红碎茶为主，工夫红茶的产量极少。1875年前后，工夫红茶制法从福建省传到安徽省，安徽祁门县由之前主产绿茶转而开始生产红茶。祁门红茶面世后，由于其生态条件优越、茶树品种优良、工艺生产技术不断地改进与提高，品质独具一格，成为我国工夫红茶的一枝独秀。在国际市场上，祁红与印度大吉岭红茶和斯里兰卡红茶共称为"世界三大高香茶"。随后湖北、江西、台湾等省都大力发展工夫红茶。我国工夫红茶"闽红""湖红""祁红""宁红""宜红""台红"均有悠久的历史，至今仍为我国传统的工夫红茶。

中华人民共和国成立之后，为适应国际茶叶市场的需求，在栽培大叶种的四川、贵州、云南、广东、海南、湖南及广西等地发展工夫红茶。"川红"和"滇红"就此问世，此外还有江苏宜兴市的宜兴工夫、浙江绍兴市的越红工夫、江西浮梁县的浮红工夫、广东英德市的英红工夫、安徽霍山县的霍红工夫等。

（2）工夫红茶的主要品类

①祁门工夫（安徽）：祁门红茶（图8-8）主要产于安徽省祁门、东至、贵池、石台、黟县，以及江西的浮梁一带，以祁门县的历口、闪里、平里镇一带最优。以祁门槠叶种为主原料，成品高档祁红条索紧细齐长，锋苗秀丽，金毫显露，色泽乌润；香气浓郁持久，似果似花而似蜜；滋味鲜浓醇爽；汤色红艳明亮；叶底匀亮红。祁门红茶以其香高形秀，品质独树一帜风靡全球，历经百年而不衰，被冠以"茶中英豪""群芳最"等美誉，更被列为世界三大高香红茶之首。继1915年在巴拿马万国博览会上一举夺魁后，先后在国际、国内和省市农产品及茶类评比会上获奖无数。祁门红茶在将中国茶推向世界的悠久历史中做出了巨大贡献。

②闽红工夫（福建）：闽红工夫是政和工夫、坦洋工夫和白琳工夫的统称。

a. 坦洋工夫。坦洋工夫（图8-9）主产于福安、柘荣、周宁、寿宁、霞浦及屏南北部等地范围，境跨七八个县，目前福安为主要的产区。坦洋工夫外形细长匀整，带白毫，色泽乌亮有光，内质香味清鲜甜和，汤色鲜艳呈金黄色，叶底红钩光滑。其中寿宁、坦洋、周宁山区所产工夫茶，香味醇厚，条索较肥壮，临海的霞浦一带所产工夫泰色鲜亮，条形秀丽。

b. 政和工夫。政和工夫（图8-10）原产于政和，主产于政和县，成品茶以政

图8-8　祁门红茶干茶样品　　　图8-9　坦洋工夫干茶样品　　　图8-10　政和工夫干茶样品

和大白茶品种为主体，取芽壮毫多，多酚类、水浸出物、氨基酸等内含成分高的叶种，形成鲜浓醇厚、富于收敛性的滋味，又适当在小叶种群体中选择具有花香特色的茶叶与大茶相拼配。因此，高级政和工夫成品茶条索肥壮重实、匀齐，色泽乌黑油亮，毫芽显露金黄色，颇为美观；汤色红艳，品尝时滋味醇厚；香气浓郁芬芳，隐约之间颇似紫罗兰香气。以大白茶树鲜叶制成之大茶，毫多味浓，为闽北工夫之上品；以小叶种群体制成之茶，香气高似祁红。

c. 白琳工夫。白琳工夫（图8-11）产于福建省宁德市福鼎市白琳镇一带，有着悠久的生产历史。白琳工夫成品茶条索紧结，芽峰显露，毫色金黄，素以"形秀有峰、金黄毫显"而闻名于世，干茶色泽乌润油亮，汤色红艳明亮，叶底匀齐柔软，滋味醇浓，香气清高，有特殊的花香。

③川红工夫（四川）：中华人民共和国成立后，为适应国际茶业市场需求，在栽培大叶种的四川、贵州、广东等地发展红碎茶和工夫红茶，于是20世纪50年代，在四川宜宾等地开始生产工夫红茶，在贸易上简称"川红"（图8-12）。川红曾多次获得国际奖项，享有"赛祁红"的美誉，与祁红、滇红并称中国三大工夫红茶。1985年在葡萄牙首都里斯本举办的第24届世界优质食品评选会上，原宜宾茶厂生产的"早白尖工夫红茶"荣获金奖，为川红谱写了辉煌的篇章。成品川红外形条索细秀有尖锋、毫茸显露、色泽乌亮、形状匀齐、香气高锐持久有橘糖香、滋味浓郁醇厚、汤色红浓明亮、叶底嫩红钩齐。

④滇红工夫（云南）：滇红工夫红茶（图8-13）属于大叶种红茶，创制于1939年，滇红工夫与滇红碎茶统称为滇红，滇红工夫滋味醇和，滇红碎茶滋味强烈而富有刺激性。主要产于云南澜沧江沿岸的临沧、思茅、西双版纳、德宏、红河6个地州的20个县，滇红主销俄罗斯、波兰等东欧各国和西欧、北美等30多个国家和地区，内销全国各大城市。

滇红工夫芽叶肥壮，金毫显露，汤色红艳，香气高醇，滋味浓厚，被视为中国三大工夫红茶之一。冲泡后的滇红茶汤红艳明亮，高档滇红，茶汤与茶杯接触处常显金圈，冷却后立即出现乳凝状的冷后浑现象，冷后浑早出现者是质优的表现。

图8-11 白琳工夫干茶样品

图8-12 川红工夫干茶样品

图8-13 滇红工夫干茶样品

⑤宜红工夫（湖北）：19世纪中叶英国在汉口大量收购红茶再转售至西欧其他国家，因此将经由宜昌转运至汉口出口的红茶取名为宜昌红茶，简称"宜红"（图8-14）。1876年9月宜昌列为对外通商口岸，宜红出口开始猛增，宜红因品质较稳定在国际茶叶市场上也是颇负盛名。后由于历史的原因，宜红一落千丈。1951年湖北茶叶进出口公司成立，在五峰、鹤峰、长阳、宜昌、恩施、宜恩、利川及湖南石门设点收购宜红。后来，随着各地茶厂的建立，宜红的生产逐渐恢复和发展。宜红已成为宜昌、恩施两地区的主要土特产品之一，产量约占湖北省茶叶总产量的1/3。宜红工夫条索紧细，有金毫，色泽乌润，内质香味高长，味道鲜醇，汤色红亮，叶底柔软，茶汤稍冷后有"冷后浑"的现象产生。

⑥宁红工夫（江西）：宁红工夫（图8-15）是我国最早的工夫红茶之一，主产江西修水、铜鼓、武宁等地，其中修水是主产县，占产量的80%以上。修水在明代称为"宁州"，所以"宁州工夫红茶"简称为"宁红"。宁红工夫茶外形紧结圆直，锋苗显露，色泽乌润，内质香高持久，滋味醇厚甜和，汤色红艳明亮，可谓是中国工夫红茶中的俊伎者。同时由于其品质优异，它不仅是我国出口红茶中的驰名品牌，而且是国内拼配红茶中的原料主体。后因历史原因致茶园荒芜、茶庄倒闭、茶市凋零，有数据显示与最盛时期的30万箱出口量相比，1933年仅出口4000余箱，1949年修水县仅产茶350000kg。宁红工夫香高持久似祁红，近几十年来宁红工夫生产逐渐恢复。

⑦湘红工夫（湖南）：湘红工夫（图8-16）的最早生产据史料及当代茶圣吴觉农先生的考究表明应是在20世纪50年代或以前，湘红工夫又称湖红工夫，主要指湖南安化、桃源、涟源、邵阳、平江、浏阳、长沙等县市所产的工夫红茶。吴觉农曾给予湘红工夫很高的评价，称其是可以与当时的祁红和宜红一样受到国外欢迎的高香红茶。湖红工夫以安化工夫为代表，外形条索紧结尚肥实，香气高，滋味醇厚，汤色浓，叶底红稍暗。

⑧河红工夫（福建）：《铅山县志》载，"明代宣德、正德年间（1426—1521）铅山又有小种河红、玉绿、特贡、贡毫、贡玉、花香等名茶"。产于江西铅山、上饶、广丰，福建崇安、建阳、建瓯等地。鼎盛时（1757—1842）产区含闽赣2省16

图8-14　宜红工夫干茶样品　　　图8-15　宁红工夫干茶样品　　　图8-16　湘红工夫干茶样品

县。因集中在铅山县河口镇精制、运销，故称河红（图8-17）。武夷（红）茶是河红的前身，相当于后来的条红毛茶。

⑨越红工夫（浙江）：越红工夫（图8-18）是浙江省出产的工夫红茶，产于绍兴、诸暨、嵊县等地。越红工夫茶条紧细挺直，色泽乌润，外形优美，内质香味纯正，汤色红亮较浅，叶底稍暗。其中越红毫色银白或灰白。浦江一带所产越红工夫红茶，条索尚紧结壮实，香气较高，滋味也较浓，镇海红茶较细嫩。总的说来，越红工夫红茶条索虽美观，但叶张较薄，香味较次。

图8-17　河红工夫干茶样品

⑩海红工夫（海南）：海南红茶（图8-19）曾经香飘全世界，茶产业曾经十分辉煌，主要集中在海南五指山地区。海南红茶生产已有很长的历史，但大力发展则始于20世纪50年代末。1959年根据国家计划，在海南建立红茶出口货源基地，最早建立了通什、白马岭、岭头3个国营茶场，利用当地野生大叶种和从云南引进的阿萨姆大叶良种来繁育。

图8-18　越红工夫干茶样品

⑪台湾工夫（台湾）：台湾工夫（图8-20）属于大叶种制成的红茶，是亚洲地区著名的红茶精品之一。汤色艳红清澈，香气醇和甘润，滋味浓厚。台湾利用岛屿中天然山丘种植茶叶，选用优质嫩茶叶经过加工精制而成，茶叶枝叶结实、茶汤红润，品饮甘甜回味、口感醇厚，是台湾当地历史悠久的红茶特产。

图8-19　海红工夫干茶样品

⑫英红工夫（广州）：2005年8月，广东省英德市被中国经济林协会命名为"中国红茶之乡"；2006年12月，英德红茶又被国家质检总局批准并发给"国家地理标志保护产品"证书。1955年试种国内著名茶树良种——云南大叶种茶成功；1959年用云南大叶种茶成功试制英德红茶。英德红茶（图8-21）其外形匀称优美、色泽乌黑红润、汤色红艳明亮、香气浓郁纯正等

图8-20　台湾工夫干茶样品

特点，与云南滇红、安徽祁红并称中国三大红茶。

英红九号是英德红茶中的极品，为广东省农业科学院茶叶研究所在引进的多个高香型茶树品种中筛选培育出的高香型红茶品种，用其鲜叶加工的红茶品质上乘，滋味醇滑甜爽、鲜香持久，被茶界认为是中国乃至世界最好的红茶品种。

⑬黔红工夫（贵州）：从20世纪50年代起，贵州同全国一样生产条红茶，即工夫红茶。1958年后将工夫红茶改为红碎茶，即"黔红"（图8-22），直接由上海口岸进入国际市场。到了20世纪60年代初，为扩大外销市场，贵州湄潭茶场于1963年将工夫红茶改为红碎茶，在试验基础上，于1964年生产210t，经广州出口也获得好评。

⑭桂红工夫（广西）：桂红工夫（图8-23）是以广西百色市特有的古老茶树品种——凌云白毫茶（华茶26号"GSCT26"）为代表，其叶质较薄而柔软，白毫特多，芽头粗壮。干茶色泽乌润，金毫显露，条索紧结肥壮；香气甜香，浓毫香显；汤色红艳明亮；滋味浓强鲜爽，甜醇回甘；叶底红亮匀整，且耐泡、内含物丰富。

图8-21　英红工夫干茶样品　　　图8-22　黔红工夫干茶样品　　　图8-23　桂红工夫干茶样品

## （三）实训准备

（1）鲜叶（一芽二三叶、一芽三四叶）。

（2）温度计，湿度计，喷壶，棉布，簸箕，揉捻机（35#），烘笼。

（3）全自动红茶发酵室。

## （四）实训步骤

（1）萎凋采用室内自然萎凋　把鲜叶薄摊在萎凋帘上，每平方米竹帘上摊叶0.5～1kg，在室内温度20～22℃、相对湿度70%左右，萎凋需18h左右完成。遇到低温阴雨天气，可辅助热风加温萎凋。

（2）揉捻是形成工夫红茶紧结细长的外形、增进内质的重要环节　技术要点主要掌握以下几点：投叶量嫩叶投叶量可以多些，较粗老叶投叶量少些；揉捻分次揉捻，揉捻时间嫩叶采用轻压短揉，老叶采用重压长揉的原则；揉捻程度以条索紧卷，茶汁充分揉出而不流失，叶子局部泛红，并发出较浓烈的清香，成条率达95%，细胞破坏率达78%～85%为宜。

（3）渥红工艺主要技术要点有以下几点　①发酵室要求适宜温度为25～28℃，相对湿度95%以上，空气新鲜供氧充足。②揉捻叶经解块分筛后摊在干净的发酵盒内，依次放在发酵架上进行发酵。发酵叶摊放厚度根据叶子老嫩、揉捻程度，气温高低等因子而定，一般嫩叶宜薄，老叶宜厚。③发酵时间从揉捻算起，春茶季节，发酵室温度在25℃左右，湿度较低，一般8～10h。夏、秋季节温度高，发酵时间可以缩短。发酵适度以叶色呈红色，并出现苹果香为发酵适度。

（4）干燥分2次进行　毛火时叶展厚度1.5～2cm，温度100～120℃，时间10～15min，含水量18%～25%。毛火适度以叶子手捏稍有刺手，叶回软有弹性，折梗不断为准。摊凉后进行足火，叶展厚度2～3cm，温度75～90℃，时间15～20min，含水量7%。足火适度以叶子条索紧结，手捻成末，色泽乌润，香气浓为准。

## （五）注意事项

（1）电炒锅、烘笼、揉捻机、红茶发酵箱打开电源前要进行漏电检查，强调用电安全。

（2）注意发酵时青叶的状态，切勿发酵过度。

（3）注意毛火与足火的温度及时间，切勿干燥不足，导致品质降低。

## （六）结果与讨论

（1）观察工夫红茶加工的成品，记录各项品质特征，填入表8-5。

表8-5　工夫红茶品质特征记录表

| 外形 | 内质 | | | | 备注 |
|---|---|---|---|---|---|
| 特征描绘 | 香气 | 滋味 | 滋味 | 叶底 | |
| | | | | | |

（2）讨论工夫红茶加工中的技术影响因素有哪些。

---

📝 思考题

　　贵州制作的工夫红茶品质特征与其他省份比较有什么优势？

---

## 实训三十二　茉莉花茶加工

### （一）实训目的

通过实训，了解茉莉花茶加工的原理，掌握茉莉花茶的鲜叶处理、茶坯处理、窨花过程的技术和操作技能。

### （二）相关知识

花茶窨制原理：花茶窨制过程主要是鲜花吐香和茶坯吸香的过程。茉莉鲜花的吐香是生物化学变化，成熟的茉莉花在酶、温度、水分、氧气等作用下，分解出芳香物质，随着生理变化、花的开放而不断地吐出香气来。茶坯吸香是在物理吸附作用下，随着吸香同时也吸收大量水分，由于水的渗透作用，产生了化学吸附，在湿热作用下，发生了复杂的化学变化，茶汤从绿逐渐变黄亮，滋味有淡涩转为浓醇，形成特有的花茶的香、色、味。

（1）茶坯处理　要求不同品种的茶坯进厂时外形洁净匀整，无其他夹杂物，水分要求达到8%，达到湿坯连窨水分的要求。

（2）鲜花处理　窨制高窨次、高品质的茉莉花茶所要求的茉莉鲜花，一般要在夏至到处暑之间产的伏花进行加工生产。由于气温较高，日照强，茉莉花品质最优，产量也高。采用下午3:00后采摘的达到工艺成熟期的花蕾（俗称当天花蕾）。茉莉鲜花花蕾进厂后，摊放厚度5~10cm，以散发装运途中发生的闷热和青草味，并除去花蕾表面的水分。当花温接近室温或高于室温1~3℃时即进行堆花，厚度40~60cm，以促升温保暖，当堆温上升到38~40℃时，进行翻堆再摊晾散热。这样反复进行3~5次，花堆掌握先高后低。通常伏花季节气温高，以摊晾降温为主,摊与堆的间隔时间一般为30min左右,反复进行"摊""堆"与翻动的目的是促使花蕾在一定的温度和充分的氧气条件下开放匀齐。茉莉花释香的最佳条件:室温30~33℃,相对湿度80%左右,空气流速5~6mL/min,鲜花养护时堆高10~15cm,花堆内部氧气含量17%~20%。当开放率(指花蕾开放的数量占总数量的比例)达到90%以上,开放度达90度(指花瓣张开的角度)左右,即为适宜的付窨标准。

(3)茶花拌和　根据各种不同品种的特种(高级)茉莉花茶外形和质量标准的配花量要求,计算出该窨次的所需的茉莉花数量。

(4)静置窨花　茶花拌和进入静置窨花,批量少的茶叶可静置在箱内,工艺上称箱窨,静置在板面上成堆的称堆窨,静置于机内的称机窨。由于采用湿坯连窨的方法,静置时间一般头窨全过程历时12~14h,随着窨次的增多,可逐渐减少静置时间,中间一般不通过通花。在清晨时根据堆温情况适当调整堆高,堆温一般38~42℃为正常。堆温太高可适当调低,堆温低于38℃可适当调高,目的是创造一个适合于茉莉花正常吐香的环境。

(5)起花　起花也称出花,是将已窨制过的茶的花渣筛出,使茶花由混合到分离。

(6)烘焙　烘焙作业对茉莉花茶的品质影响很大,烘焙应以保证存在于茶叶中的最大香气为准则。结合各窨次茶叶所要求的烘干水分逐窨次的增加,烘干时一般一连窨(一二窨)水分掌握在5%、二连窨(三四窨)水分在6%、三连窨(五六窨)水分掌握在6.5%,四连窨(七八窨)水分掌握在6.5%~7%,逐窨增加。

(7)提花前的茶叶夹杂物处理　特种(高级)茉莉花茶外形要求很高,不能够有任何非茶类夹杂物和梗、片、末、花蒂、花蕾、花片等,茶叶在多窨次窨制的过程中产生的非茶类夹杂物和片、末、花蒂、花蕾、花片等必须在提花前去除干净。可采用机械和人工拣剔的办法进行作业。要求茶叶外形匀整、洁净不能有非本批茶叶的茶叶存在,以确保特种(高级)茉莉花茶的外形品质特征。

(8)提花　茉莉花窨花过程中,每一窨次经烘焙后,茶叶所吸收的花香部分随着水分的蒸发而逸失,部分保留在茶叶中,使成品既具茶香有花香。但是,经过烘焙的茶叶,花香鲜灵不足。为了弥补这一缺点,工艺上采取在最后一窨次以少量优质的茉莉鲜花与茶叶拌和后静置6~8h,不经通花,起花的不再经过烘焙,即行匀堆装箱。准备提花的茶叶水分含量通常在6.5%~7%范围。因此,提花后的水分含量增长幅度,必须控制在1%~1.5%,以保证成品的水分含量符合技术标准。

## (三)实训准备

(1)茶坯若干。
(2)茉莉鲜花若干。

（3）窨花用木箱　规格46cm×43cm×43cm。

## （四）实训步骤

（1）将茉莉鲜花进行堆花处理；

（2）先把茶坯总量1/5～1/3，平摊在干净窨花场地上，厚度为10～15cm；

（3）然后根据茶、花配比用量的鲜花，同样分出1/3～1/5均匀地撒铺在茶坯面上，这样一层茶，一层花相间3～5层，再用铁耙从横断面由上至下扒开拌和。

（4）茶、花拌和后，投放在木箱中（木箱规格46cm×43cm×43cm，即二号标准茶箱）窨花（称作箱窨），每箱窨茶量约5kg，厚度20～30cm。

（5）12h左右筛花取茶，完成一次窨制。

（6）几次窨制按上面步骤重复。

## （五）注意事项

（1）香花的选择可以根据当地情况灵活处理。

（2）窨花时注意当地气温对茉莉花开放的影响，可以选择好实训时间，便于掌握好茉莉花开放程度。

（3）掌握好窨花过程的通花散热技术。

## （六）结果与讨论

对比不同窨次的茉莉花茶，通过审评填入表9-1，比较花茶香气的浓淡、层次感，并讨论窨花技术对香气的影响。

表9-1　不同窨次的茉莉花茶品质审评表

| 窨花程序 | 品质特征 | | | | |
|---|---|---|---|---|---|
| | 外形 | 香气 | 滋味 | 汤色 | 叶底 |
| 一窨一提 | | | | | |
| 二窨一提 | | | | | |
| 三窨一提 | | | | | |
| 四窨一提 | | | | | |
| …… | | | | | |
| | | | | | |

1. 本地窨制花茶的优劣性有哪些？
2. 花茶制作对茶产品的意义是什么？

# 实训三十三　黑茶蒸压技术

## （一）实训目的

通过实训，了解黑茶蒸压加工的原理，掌握黑茶蒸压加工技术和操作技能。

## （二）相关知识

（1）茯砖茶蒸压技术工艺流程

汽蒸 → 渥堆 → 称茶 → 蒸茶 → 紧压 → 定形

①汽蒸：采用98～102℃的蒸汽。

②渥堆：弥补湿坯渥堆的不足，消除青杂味和粗涩味，为发花创造些条件。堆高2～3m，叶温常高达75～88℃，堆积3～4h，不得少于2h。

③称茶：合理准确付料，以保证产品单位质量符合要求，称茶后再加茶汁。

④加茶汁：茶汁由茶梗、茶果熬制，含有可溶性物质，有利于黄霉菌的生长；发花需要适当水分，加入适当水分还能提高茶坯黏结度。茶坯含水量一般在22%～38%，每片砖加茶汁4～6两（200～300g）为适度，加入茶汁后要充分搅拌均匀。

⑤蒸茶：通入蒸汽进行汽蒸，使茶坯软化，便于压制。蒸汽温度102℃左右，蒸茶时间5～6s。蒸的时间过长茶坯变得过软，含水量也高，虽易压紧，但干燥时水分难于散发，易产生烧心霉变；蒸的时间不足则茶坯没有充分软化，不易压紧，发花也不好。

⑥装匣压制：茶叶蒸好后，送入木屝装匣（图9-1）。装匣时要注意边角饱满，使成品边角紧实。装完第一片后盖上铝板，推至预压机下进行预压后，然后装第二片，盖上盖板，推至大压机下压紧上闩。

⑦冷却定形和退砖：压制后的砖匣输送到凉置架上，进行冷却定形。砖温一般要由80℃左右下降到50℃左右，便可冷却定形，冷却时间一般20～25h。冷却定

图9-1　砖茶压制模具

形的木戽输至退砖机下，开铁夹板，退出砖片。木戽回笼，砖片进行检验。

⑧验砖包砖：砖片退出后，按照品质规定进行检查验收。主要检查质量、厚薄、四角、砖面，如不合格者，必须复制。符合规格的就用商标纸逐片包装，送烘房发花干燥。

（2）沱茶压制技术　沱茶压制分称茶与蒸茶、揉袋施压、定型干燥等工序。

①称茶与蒸茶：目前生产的沱茶有三种质量规格（50、100、250）。沱茶汽蒸一般都是用铁管将锅炉发生的蒸汽，分送至各个工作机台，机台上装有蒸汽嘴。汽蒸时只将小圆形的蒸茶筒摊至蒸汽嘴上。经过10～20s，到茶吸收水分变软，含水量增加3%时为好。蒸茶时间太长会使茶叶吸水分太多，变成黄熟，香气降低，甚至引起霉变。蒸茶时间太短则使叶质不易变软，压制成型较为困难，成品也容易产生脱落。

②揉袋施压：将蒸好的茶叶倒入三角形圆底小布袋，左手捏紧袋口，右手拿茶，在作业台面轻轻揉转几下，将口袋置于茶团中心，袋底朝上。将茶袋放于碗形钢模上，用杠杆人力加压成形（图9-2）。重庆茶厂研制成功沱茶压造自动生产线，为沱茶生产全程机构化，连续化奠定基础。

③定形干燥：经压制后的热茶，不能立即去袋，必须经过一段时间的摊放，冷却定型。待半小时后，茶园热气散失再腹袋。脱袋后及时用商标纸把茶叶包好，放入烘盘，准备干燥。干燥时低温慢烘，温度应控制在70℃以下，以50℃左右为好。在干燥温度50℃的情况下，热烘经30h即可下烘，冷烘则要48～50h才能达到干燥适度。

图9-2　沱茶加工场景

## （三）实训准备

（1）黑茶毛茶或者绿茶毛茶原料若干。

（2）小型蒸压设备一套。

（3）压制模具如干。

## （四）实训步骤

（1）准备好压制的毛茶原料。

（2）将毛茶原料进行汽蒸，观察毛茶湿软至适度。

（3）将汽蒸后的毛茶装入模具，进行压制成形。

（4）将成形的产品进入干燥程序。

## （五）注意事项

（1）蒸压打开电源前要进行漏电检查，强调用电安全。

（2）汽蒸过程中因为涉及高温蒸汽，强调操作中的正确程序和安全保护，防止烫伤。

（3）压制过程注意安全，不要用手直接操作模具，要借助工具进行，防止压制工具压伤手。

（4）成形后不要将茶取出摸具，放置自然干燥后方可取出。

## （六）结果与讨论

在汽蒸和压制过程中使用不同技术参数组合，填入表9-2，观察最终的成形效果并讨论。

表9-2 蒸压过程不同技术参数对产品外形的影响

| 序号 | 汽蒸时间 | 压制压力 | 产品外形 | 效果 |
|------|----------|----------|----------|------|
| 1 |  |  |  |  |
| 2 |  |  |  |  |
| 3 |  |  |  |  |
| 4 |  |  |  |  |
| …… |  |  |  |  |
|  |  |  |  |  |

### 📝 思考题

汽蒸时间和压制压力，哪一个对产品成形的影响更大？

# 实训三十四　工艺绿茶（银球茶）加工

## （一）实训目的

通过实训，了解贵州特色茶雷山银球茶的加工技术原理，掌握雷山银球茶的加工技术参数和加工技能。

## （二）相关知识

雷山银球茶（图9-3）是贵州省黔东南苗族侗族自治州雷山县开发的新创名茶，中国国家

图9-3　银球茶干茶样品

地理标志产品。20世纪80年代初，雷山银球茶始制，其外形独特，是一个直径18～20mm的球体，表面银灰墨绿。含硒量高达2.00～2.02μg/g，是一般茶叶平均含硒量的15倍。此茶采用当地群体种以及适宜加工雷山银球茶的茶树品种，采摘鲜叶为当年清明茶，是上年秋季形成的越冬芽，在清明前后发育而成，通过精心加工制成的毛茶原料再加工制成银球茶成品。越冬芽的物质积累丰富，茶叶品质优异，叶肉肥硕柔软，香味浓醇，爽口回甘，耐于冲泡。主要产品有银球茶、天麻银球茶、清明嫩芽、特级清明茶、雷公山雪芽、碧曲毫峰茶、云雾茶、苦丁茶、三尖杉杜仲茶。其地域保护范围为贵州省雷山县西江镇、望丰乡、丹江镇、大塘乡、方祥乡、达地乡、永乐镇、郎德镇、桃江乡共9个乡镇现辖行政区域。

　　1986年，雷山银球茶获轻工部优质产品称号；1988年，雷山银球茶获中国首届食品博览会金奖；1991年，雷山银球茶被外交部选作馈赠礼品；2011年，雷山银球茶荣膺中国（上海）茶博会中国名茶特别金奖；2013年，雷山银球茶获日本绿茶赛金奖；2014年09月，原国家质检总局批准对"雷山银球茶"实施地理标志产品保护。

　　（1）工艺品质　银球茶采用一芽一叶、一芽二叶初展的茶青精制加工而成。银球茶叶嫩芽肥壮，叶质厚实，色泽浓郁，茶叶果胶汁充足，茶多酚、儿茶素以及微量元素硒、铁等多种营养成分多。

　　（2）加工工艺流程

$$\boxed{杀青} \rightarrow \boxed{揉捻} \rightarrow \boxed{烘炒} \rightarrow \boxed{二次揉捻} \rightarrow \boxed{二次烘炒} \rightarrow \boxed{选料} \rightarrow \boxed{筛末} \rightarrow \boxed{称茶} \rightarrow$$
$$\boxed{做形} \rightarrow \boxed{干燥} \rightarrow \boxed{辉锅} \rightarrow 成品$$

## （三）实训准备

　　（1）新鲜茶青（一芽二三叶）若干。

　　（2）电炒锅或小型杀青机，小型揉捻机。

　　（3）簸箕、烘笼、温度计、湿度计等其他制茶辅助用具。

## （四）实训步骤

　　（1）杀青　将锅温升至220～230℃，投入鲜叶进行杀青，时间8～10min，杀青适度后出锅。

　　（2）揉捻　采用时间25～30min。

　　（3）烘炒　在温度60～70℃锅内进行烘炒，时间15～20min。

　　（4）二次轻揉捻　时间15～20min。

　　（5）二次烘炒　温度为60～70℃锅内进行烘炒，时间15～20min。

（6）选料 拣出片茶、扁条茶，使达到揉捻茶坯一致，匀整。

（7）筛末 将选好的匀整茶坯，筛去末茶。

（8）称茶 称量已筛好的茶坯4g，进行人工造型和整形。

（9）做形 将称好的茶坯，用手轻轻揉搓，使组织破碎率达到75%，手搓1min，用手捏成直径18～20cm的圆球，捏时不能太紧，也不能太松，太紧不但不易泡开（开汤后叶片变化见图9-4），而且烘烤时内部易于发酵，过松则易于破碎。

图9-4 银球茶开汤后叶片的变化

（10）干燥 开始干燥温度过低易于发酵，茶汤变红，茶味浓，失去绿茶滋味。温度控制在45℃为宜，超过45～50℃则表面快干，但球体内部水分不易很快散发，使茶叶叶片变黄，汤色不明亮。开始干燥时，温度应严格控制在45℃以下40℃以上，达到内部水分在4h内散发完毕，4h后温度提高到60～70℃，再经4h，最后降温至55～45℃，再干燥4h，达到完全干透。

（11）辉锅 每次每锅称量1000g，朝一个方向转动，待表面出现银灰色为止，起锅，降温。

（12）成品包装。

## （五）注意事项

（1）制茶机械打开电源前要进行漏电检查，强调用电安全。

（2）干燥过程中因为涉及高温，强调操作中的正确手势和安全保护，防止烫伤。

（3）烘干时温度、风力灵活调节，以揉捻叶均匀洒水为宜。

（4）搓团定形过程中注意手搓的压力，轻重适宜，防止断碎，烘干温度不要太高，防止茶叶水分挥发过快，做形不够。用手体会干茶的温度和水分，控制干燥和做形程度。

（5）辉锅时掌握好温度和时间，防止茶叶上灰失光泽。

## （六）结果与讨论

（1）注意掌握银球茶的加工成形进程的技术运用，观察成品的外形特征，记录各项品质特征，填入表9-3。

表9-3　卷曲形名优绿茶品质特征记录表

| 外形 | 内质 | | | | 备注 |
|---|---|---|---|---|---|
| 特征描绘 | 香气 | 滋味 | 滋味 | 叶底 | |
| | | | | | |
| | | | | | |
| | | | | | |

（2）讨论银球茶加工成形进程中各项技术如何合理运用。

📝 思考题

银球茶在做形时应注意哪些技术措施？

# 实训三十五　工艺花茶加工

## （一）实训目的

通过实训，了解工艺花茶的加工技术原理，掌握工艺花茶的种类以及工艺花茶的各项特征。

## （二）相关知识

（1）工艺花茶又称艺术茶、特种工艺茶，是指以茶叶和可食用花卉为原料，经整形、捆扎等工艺制成的外观造型各异，冲泡时可在水中开放出不同形态的造型花茶（图9-5）。根据产品冲泡时的动态艺术感，工艺花茶分为以下三类。

①绽放型工艺花茶：冲泡时茶中内饰花卉缓慢绽放的工艺花茶。

图9-5　冲泡的工艺花茶

②跃动型工艺花茶：冲泡时茶中内饰花卉有明显跃动升起的工艺花茶。

③飘絮型工艺花茶：冲泡时有细小花絮从茶中飘起再缓慢下落的工艺花茶。

（2）工艺花茶不仅是一种茶，更是一种可以品饮兼有观赏价值的艺术品。因此，它除了对茶芽素胚有一定的品质要求外，对花（干花）的要求更高，不仅要考虑花的颜色、大小、形状，还要考虑花的性味特征及花与花的组合。工艺花茶选花的几个因素如下。

①花的颜色：工艺花茶要求可品可看，除了花与茶的形态外，花的色泽起到了很关键的作用。花的颜色在工艺花茶之中不仅具有画龙点睛的作用，更是花与茶有机结合的支撑点，花的色泽是工艺花茶组合的基础，也是选择适用花的前提条件。

②花的大小与形状：不同的工艺花茶其要求茶芽素胚的长短有明显的差异，对花的大小与形状也提出了相关的要求，花大芽必长，花小芽可短。工艺花茶每个品种所表达的思想意境都不一样，所要求的花的形状、大小都不一样，能用小的花表达则尽量不用大的，能用花蕾则不用盛开之花，能用单朵花来传递情感则尽量不用多重花。花的大小与形状选择在工艺花茶中很有讲究。

③花的组合：单一花所能给予人们的是一种单一思维上的美感，所反映的也是相对比较表层的寓意，而多重花的组合所反映的则是一种立体多维的美感。因此，多重花的加工工艺能把产品品种多层次（依花的大小、色泽的深浅进行组合）、多元化（依花的不同形状及物理特性进行组合）地尽情表达，所以说花的组合对工艺花茶相当重要。

④花的性味功能：生产工艺花茶时，不仅要考虑花的形状、颜色、大小，还要酌情考虑花的性味功能以及茶与花、花与花的相生、相克、相融的药理特性。因为工艺花茶除了它的观赏价值外，依然还是一种茶花型的饮料，食品安全是第一位的，所以花的性味功能也是加工工艺花茶的一个必须考虑的因素。

依据花的颜色、大小、形状、性味功能等因素，目前应用比较多的花有千日红、月季花、百合、玫瑰花、金银花、菊花、茉莉花、桂花等。

（3）DB 35/T 929—2009《工艺花茶》对品质的要求如下。

①感官品质要求：如表9-4所示。

表9-4 工艺花茶感官品质要求

| 项目 | | 等级 | | |
| --- | --- | --- | --- | --- |
| | | 特级 | 一级 | 二级 |
| 外观指标 | 外形 | 细紧、匀称、精致，条索清晰顺畅，茶座圆润 | 壮实、匀称、端正，条索清晰顺畅，茶座比较圆润 | 粗实、尚匀整，条索尚顺畅，茶座尚圆润 |

续表

| 项目 | | 等级 | | |
| --- | --- | --- | --- | --- |
| | | 特级 | 一级 | 二级 |
| 外观指标 | 色泽 | 具有相应某类特有的色泽 | | |
| | 净度 | 洁净，无混杂 | | |
| | 匀度 | 匀整 | 较匀整 | |
| 内质指标 | 香气 | 鲜爽馥郁、花香显 | 较鲜爽、有花香 | 鲜爽、有花香 |
| | 滋味 | 醇和、鲜爽、花味显 | 醇和、有花味 | 较醇和、带花味 |
| | 汤色 | 清澈、明亮 | 清澈 | 尚清澈 |
| | 叶底 | 匀整、软嫩、明亮 | 匀整、较软嫩 | 尚匀整 |

②观赏指标：如表9-5～表9-7所示。

表9-5　绽放型工艺花茶观赏指标

| 项目 | | 等级 | | |
| --- | --- | --- | --- | --- |
| | | 特级 | 一级 | 二级 |
| 观赏指标 | 开放过程 | 3min内完成茶球下沉、茶芽舒展、内饰花卉缓慢舒张开放 | | |
| | 茶座 | 茶芽展开齐整，造型完好 | 茶芽展开较齐整，偶有茶芽散落，造型较完好 | 茶芽展开，有部分散落，造型尚好 |
| | 内饰花 | 色泽鲜亮、朵形舒展完美 | 色泽明亮、朵形完整 | 色泽尚亮、朵形较完整 |

表9-6　跃动型工艺花茶观赏指标

| 项目 | | 等级 | | |
| --- | --- | --- | --- | --- |
| | | 特级 | 一级 | 二级 |
| 观赏指标 | 开放过程 | 3min内完成茶球下沉、茶芽舒展、内饰花卉跃起、组合花串缓慢绽放 | | |
| | 茶座 | 茶芽展开齐整，造型完好 | 茶芽展开较齐整，偶有茶芽散落，造型较完好 | 茶芽展开，有部分散落，造型尚好 |
| | 内饰花 | 色泽鲜亮、朵形舒展完美 | 色泽明亮、朵形完整 | 色泽尚亮、朵形较完整 |

表9-7 飘絮型工艺花茶观赏指标

| 项目 | | 等级 | | |
|---|---|---|---|---|
| | | 特级 | 一级 | 二级 |
| 观赏指标 | 开放过程 | 3min内完成茶球下沉、茶芽舒展、内饰散花飘起、底花绽放 | | |
| | 茶座 | 茶芽展开齐整，造型完好 | 茶芽展开较齐整，偶有茶芽散落，造型较完好 | 茶芽展开，有部分散落，造型尚好 |
| | 内饰花 | 色泽鲜亮、朵形舒展完美 | 色泽明亮、朵形完整 | 色泽尚亮、朵形较完整 |

## （三）实训准备

（1）各种类型工艺花茶（图9-6）若干。

（2）特殊冲泡器皿若干。

（3）记录用纸。

（1）囡儿春 （2）玫瑰仙子 （3）百合仙子 （4）茶花依恋 （5）放肆情人 （6）东方佳人 （7）花之恋

（8）花言茶语 （9）出水芙蓉 （10）丹贵夫人 （11）蝶恋花 （12）伦敦雾 （13）含情茉莉 （14）红色恋人

图9-6 冲泡后的各类工艺花茶

## （四）实训步骤

（1）将准备好的工艺花茶，放一颗到工艺花茶玻璃杯或者花茶壶里。

（2）往工艺花茶的透明高脚玻璃杯中注入90～100℃、150mL的开水。

（3）欣赏工艺花茶慢慢盛开的景象，同时闻之开放出来的花之清香，等待工艺花茶完全绽放。其造型与冲泡后效果可参见图9-7。

（4）大约5min即可饮用。

（5）每颗可以冲泡5～6次。

（6）可依个人口味加入适量的蜂蜜或者白砂糖。

**图9-7** "双龙戏珠"工艺花茶造型与冲泡后效果对比

## （五）注意事项

（1）对工艺花茶的成分构成进行分析了解。

（2）观察冲泡过程中各类不同工艺花茶的特点。

（3）有条件可以选择尽量多的工艺花茶类型作对比。

## （六）结果与讨论

（1）冲泡几种工艺花茶，观察其形态特征，记录并填入表9-8。

表9-8　工艺花茶特征记录表

| 工艺花茶类别 | 形态特征 | 成分构成 |
|---|---|---|
|  |  |  |
|  |  |  |
|  |  |  |
|  |  |  |
|  |  |  |
| …… |  |  |

（2）讨论工艺花茶的加工技术如何运用。

### 思考题

工艺花茶对制茶业发展来说有什么意义？

## 实训三十六　茶叶筛分技术

### （一）实训目的

通过实训，了解茶叶筛分技术原理，掌握圆筛、抖筛、飘筛的加工技术，掌握平面圆筛机和抖筛机的操作技能。

### （二）相关知识

（1）平面圆筛机　圆筛是茶叶在筛面作回旋运动，使短的或小的横卧落下筛网、长的或大的留在筛面，以分离出茶叶的长短或大小，俗语"撩头割末"。利用筛床作连续平面回转运动，短小的茶叶通过筛网，长大的留在筛面，并通过出茶口流出（图10-1）。其作用是使茶叶经分筛、撩筛、割脚工序，分离成一定规格的筛号茶。

**图10-1　茶叶平面圆筛机**

①分筛：主要分茶叶长短（圆茶分大小），使同一筛孔茶条长短基本一致。经分筛后的茶，符合各筛孔茶的一定规格，称为筛号茶。

②割脚：若筛号茶中发现有少量较短碎的茶坯，需要重新分离，称为割脚。

③撩筛：补分筛的不足。若筛号茶中还有少量较长的茶条或颗粒粗大的圆茶，通过配置较松筛孔的平圆筛（一般比原茶号筛孔大1~2孔），将较长的茶条撩出来，使茶坯长短或大小匀齐，为下一阶段的风选或拣剔打下基础，称为撩筛工序，对圆形茶，撩筛又有紧门筛的作用。

（2）抖筛机　抖筛是茶叶在筛面作往复抖动，使长形的或细紧的茶条斜穿筛网，圆形的或粗大的茶头留在筛面，以分离出茶叶的长圆和粗细，俗语"抖头抽筋"。利用倾斜筛框，急速前后运动和抖动的作用，使茶叶作跳跃式前进。细的茶叶穿过筛孔落下，粗的留在筛面，以达到去细留粗，便于下一工序进行，抖筛机（图10-2）应用在不同的工序上，因要求不同，工序的名称也不同，生产上通常称为抖筛、紧门、抖筋、打脚。

图10-2　茶叶双层抖筛机

①抖筛：主要是使长茶坯分别粗细，圆形茶坯分别长圆。并具有初步划分等级的作用。通过抖筛后，要求粗细均匀，抖头无长条茶，长条茶中无头子茶。在绿毛茶精制中，通过抖筛之后长条茶坯做珍眉花色，非长型茶坯做贡熙花色，或轧细为珍眉或特珍花色。

②紧门：配置一定规格的筛网进行复抖。通过紧门筛的茶坯，粗细均匀一致，符合一定规格标准，所以紧门筛又称为规格筛。如（祁红各级的）紧门筛孔规定：一级茶11~12孔，二级长茶10~12孔，三级茶9~10，四级茶8~9孔，五级茶7~8孔。屯绿茶的规定：一级茶10孔，二级茶8.5孔或9孔，三四级茶8孔，五级茶7孔等。以上规定也可根据机器运转的快慢灵活掌握。

③抖筋：将茶坯中条索更细的筋（叶脉部分）分离出来，要求眉茶中筋梗要抖净。一级采用的筛孔要小一些，如屯溪茶采用14孔抖筋。

④打脚：是绿毛茶精制过程中取圆形贡熙花色的工序，茶坯中混有少量条形茶，用抖筛将它分离出来，保证贡熙茶花色外形的品质要求。

（3）飘筛　飘筛通过筛风的上下振动和圆周运动的共同作用，分离在制品茶的轻重，去除筋毛。飘筛是茶叶精制工艺技术之一，历史悠久，我国老一辈茶师早有发现和研究，它对分离劣异、提高茶叶净度、节省拣工具有一定的作用。飘筛要站在风口上，用手指和手腕的力量把茶抖起来，同时茶也在旋转，这样风就能把灰尘和小的砂石吹走，筛盘里只留下茶叶。

## （三）实训准备

有条件的学校可以在校企实训基地精制加工车间进行，或者在相应加工精制厂进行参观了解。

（1）平面圆筛机1台。

（2）抖筛机1台。

（3）付制毛茶若干。

## （四）实训步骤

（1）对平面圆筛机进行安全检查，配置3个以上不同规格的筛网。

（2）启动平面圆筛机，投入毛茶进行筛分。

（3）得到不同的筛号茶，收集填表记录后对比。

（4）对抖筛机进行安全检查，配置3个以上不同规格的筛网。

（5）启动抖筛机，投入毛茶进行筛分。

（6）得到不同的筛号茶，收集填表记录后对比。

## （五）注意事项

（1）平面圆筛机和抖筛机打开电源前要进行漏电检查，强调用电安全。

（2）平面圆筛机和抖筛机工作进程中机械力量很大，操作时注意安全。

（3）工作环境有较大粉尘，注意穿戴口罩进行防护。

（4）毛茶进行筛分前需要进行复火处理。

## （六）结果与讨论

（1）取平面圆筛机的3个筛号茶进行外形观察，填入表10-1，讨论筛网配置的技术。

表10-1　平面圆筛机筛号茶外形观察表

| 筛号茶规格 | 外形特征 |
|---|---|
|  |  |
|  |  |
|  |  |

（2）取抖筛机的3个筛号茶进行外形观察，填入表10-2，讨论筛网配置的技术。

表10-2　抖筛机筛号茶外形观察表

| 筛号茶规格 | 外形特征 |
|---|---|
|  |  |
|  |  |
|  |  |

#### ？ 思考题

筛分工序对精制的重要性是什么？

# 实训三十七　茶叶切扎技术

## （一）实训目的

通过实训，了解茶叶切扎技术原理，掌握切扎的加工技术和常用的切扎机操作技能。

## （二）相关知识

（1）切断与轧细　切断或轧细作业是毛茶加工中不可缺少的工序。毛茶通过筛分出来的粗大茶坯称毛茶头，抖筛和紧门分出的粗大茶叶称头子坯，都是不符合规格要求的茶条，必须通过切断或轧细，再加工成符合规格的茶条。

（2）切轧的机具　切断或轧碎的目的要求不同，切茶机具也不同。

①滚筒切茶机：滚筒切茶机主要作用是将长条改成短条茶。滚筒上有许多方格子的凹孔，茶叶落入滚筒内，随着滚筒旋转，刀片将长出格子的部分茶叶横向轧断。

②棱齿切茶机：棱齿切茶机主要使长条茶改茶短条茶，粗茶改细茶。当茶叶落入机内，由于棱齿旋转滚动，齿刀片就将茶叶切断。棱齿茶叶机具有使茶叶撕开切断的作用。

③圆片切茶机：圆片切茶机使粗短或椭圆形茶改为细长形。这种切茶机，由于片上有棱齿切片，一片固定，一片旋转，转速很高。纵向切茶，破坏性最大，一般用于切筋、梗、片。

此外，还有纹切茶机、轧片切茶机、胶滚切茶机等。

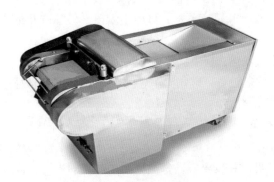

**图10-3　全自动切茶机**

（3）切轧技术要点

①根据取料要求选用切茶机：切轧时要根据付切茶的外形和取料要求合理选用切茶机。滚切机破碎率较小，擅长于横切，有利于保护颗粒紧结的圆形茶不被切碎，可用于工夫红茶。

眉茶的切轧较复杂，外形粗大勾曲的毛头茶、毛套头取做贡熙，宜用滚切。紧门头是长形茶坯经紧门工序抖出的粗茶和圆头，可采用齿切机。圆切机有利于断茶保梗。

②掌握付切茶的适当干度：一般含水率4%～5.5%，含水率超过7.5%，切断很难。

③先去杂再付切：应先去掉混入毛茶中的螺丝、铁钉、石子等杂物后，再付切。

④控制上切茶的流量：上茶量过多，易堵塞，且碎末会增加。上茶过少，使一部分茶躲过切刀，达不到切茶的目的。

⑤先松后紧,逐次筛切:切口松,破碎小,切次增多;切口紧,破碎多,切次少。

(4)安全操作规程  茶叶切扎操作具有一定的危险性,对安全性操作要求更高,针对螺旋切茶机、滚筒切茶机、齿切机、保梗机等的一般安全操作规程有以下几点:

①班前应进行各油眼加注润滑油,并保持油眼周围干净;

②检查各轴承座,皮带轮及各传动件的螺丝是否有松动或掉失,各种配件是否合乎要求;

③应根据各茶类工艺要求,调节好刀口距离或滚动距离;

④开机后检查机口,碎末茶含量超过规定时停机调整;

⑤运转中经常注意是否有铁钉、石块、铁件等杂物进入机内,如有应立即停机排除,绝对禁止在运行中用手伸入机内拣取,以防伤手;

⑥运转中如发现茶叶阻塞不下,可用小木棒、竹竿避开拨茶器轻挑,严禁用手或金属棒拨动;

⑦在运转中出现噪声,应停机检查排除;

⑧爱护设备,保养设备,遵守操作规程,记录各种原始数据。

## (三)实训准备

有条件的学校可以在校企实训基地精制加工车间进行,或者在当地茶叶精制厂进行参观了解。

(1)茶叶切扎机1台。

(2)付制毛茶头若干。

## (四)实训步骤

(1)对茶叶切扎机进行安全检查,进行开机调试。

(2)启动茶叶切扎机,均匀投入毛茶头进行切扎处理。

(3)调节茶叶切扎机在不同挡位或者不同技术参数组合进行切扎,分别记录切扎后茶叶外形变化,观察切扎效果。

## (五)注意事项

(1)茶叶切扎机打开电源前要进行漏电检查,强调用电安全。

(2)茶叶切扎机工作进程中机械挤压力很大,特别要注意操作安全。

（3）工作环境有较大粉尘，注意戴口罩进行防护。

（4）毛茶头进行切扎前需要进行水分检测，适当做复火处理。

## （六）结果与讨论

对不同切扎技术处理后的茶叶进行观察，填入表10-3，讨论切扎技术对茶叶外形的影响。

表10-3　不同切扎技术茶叶外形变化表

| 切扎技术处理 | 茶叶外形 |
| --- | --- |
| 1. | |
| 2. | |
| 3. | |

📝 思考题

如何通过技术措施尽量避免不必要的切茶？

# 实训三十八　茶叶风选技术

## （一）实训目的

通过实训，了解茶叶风选技术原理，掌握风选的加工技术和常规风选机的操作技能。

## （二）相关知识

茶叶风选机是茶叶精制加工中的重要设备。茶叶风选机的原理是利用内置不同的茶叶颗粒具有不同的空气动力学特性，在风力作用下其漂移距离不同的特点，根据茶叶漂移的位置来区分茶叶的优劣，是商品茶加工装备中的关键设备。

（1）风选的目的  利用茶叶重量、体积、形状等的不同，借助风力作用，使不同质量的茶叶在不同位置下落而分离出来，从而使各级茶叶品级分明，硬软均匀，符合一定规格要求。

（2）风选机的型式及其作用

①吸风式：有单层和双层两种。具有分级较清楚的优点；缺点是风箱的气流不够稳定，操作较复杂。

②吹风式：风力稳定，易操作。缺点是产量较小，工效较低。目前工厂大多采用这种风选机（图10-4）。

图10-4  茶叶吹风式风选机

风选有定级和清风两种作用。定级风选分粗选和精选两个步骤。清风，是指成品茶在匀堆前，利用风力清除留在茶叶中的砂、石、金属和灰末。

（3）技术要点  好茶轻扇，次茶重扇。好茶侧重于提高制率，次茶侧重于提高品质。

（4）茶叶风选机一般操作规程如下：

①开机前、清理机身及隔茶板上杂物，加入物料后开启主机运行；

②根据上料量调整落茶手柄的位置，可以改变茶叶的输送量，从而控制茶叶出料量；

③调整调风手柄的位置，可以改变风速、风量。根据情况调整手柄；

④调整隔板手柄的位置，可以改变内部隔板的位置，向左，内部隔板左（前）移；向右，内部热板右（后）移。根据运行情况改变隔板的位置。

注意事项：当机器累计工作时间达5000h应对轴承进行保养；电源线不要拴挂在机架上，以免磨损电源线漏电伤人。

（5）标准　现行标准为GH/T 1167—2017《茶叶风选机》。

①风速变异系数：风选机进、出风口截面某一高度上各测点风速差与平均风速的百分比。

②复选清净度：在不改变风选机工作条件下，将同一时间内接取的正口、子口、次子口的茶叶分别投入机器进行复选，经复选所得该出茶口茶叶重量与复选前相同出茶口接取的茶叶重量的百分比。

③型式与型号：风选机按结构、工作特点分为吹风式和吸风式。其型号表示方法见图10-5。

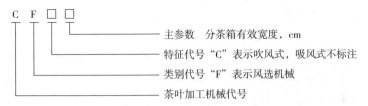

型号示例：分茶箱有效宽度为50cm的吹风式茶叶风选机：CFC—50。

**图10-5　风选机产品型号表示方法**

④外观要求：风选机外观应光洁、平整、无污损；所有焊接处应均匀、平整、牢固；涂漆应符合"普通耐候涂层"，标准的质量要求。

⑤电气部分：电气连接安全可靠，电路接触良好、工作可靠；电机应按箭头所示方向运转，不得反转。

⑥整机性能：风选机应符合风选工艺要求，风选后的茶叶应清净，同一出茶口的茶叶轻重，大小应均匀。经风选前道工序加工后的筛号茶为原料，其主要性能指标应符合表10-4的规定。

表10-4　风选机主要性能表

| 项目 | 筛号茶 | | |
| --- | --- | --- | --- |
| | 4目 | 10目 | 8目 |
| 风速变异系数/% | | <10 | |
| 复选清净度/% | >65 | >85 | |
| 分茶箱有效宽度小时生产率/［kg/（cm·h）］ | >6 | >3 | |
| 千瓦时产量/［kg/（kW·h）］ | >400 | >200 | |

注：复选清净度指正口茶。

⑦其他性能：风选机无故障工作时间不少于300h；风选机使用可靠性不得低于93%；整机噪声不大于80dB（A）；轴承部位的温升不得大于25℃；喂料器应符合制茶工艺要求，要求送茶均匀。

（三）实训准备

有条件的学校可以在校企实训基地精制加工车间进行，或者在相应加工精制厂进行参观了解。

（1）优先使用吹风式风选机（1台），或者吸风式风选机。

（2）付制好的筛号茶若干。

（四）实训步骤

（1）对茶叶风选机进行安全检查。

（2）启动茶叶风选机，投入筛号茶进行风选。

（3）调节茶叶风选机的风力大小、挡板的角度等，用不同组合参数观察风选后茶叶分选效果。

（4）记录并分析。

（五）注意事项

（1）茶叶风选机打开电源前要进行漏电检查，强调用电安全。

（2）工作环境有较大粉尘，注意穿戴口罩进行防护。

（3）风选机各出茶口注意安全。

（六）结果与讨论

（1）对风选不同技术组合处理后的茶叶进行观察，填入表10-5，讨论风选技术对茶叶质量的影响。

表10-5　不同风选技术茶叶分选效果比较表

| 风选技术处理 | 茶叶外形 | 效果 |
| --- | --- | --- |
| 1. | | |
| 2. | | |

续表

| 风选技术处理 | 茶叶外形 | 效果 |
|---|---|---|
| 3. | | |
| 4. | | |

（2）讨论风选效果与风力大小、挡板的角度等技术指标的相关性，哪项指标更重要？

> 📝 思考题
>
> 风选对茶叶精制加工的作用有无替代性？

# 实训三十九　茶叶拣剔技术

## （一）实训目的

通过实训，了解茶叶拣剔技术中静电拣剔的原理，掌握静电拣剔机的加工技术和操作技能。

## （二）相关知识

茶叶拣剔是精制程序中重要的工序，拣梗作业也是当前茶叶精制加厂工中不可缺少的一个环节，尽管运用了多种方式综合拣梗，目前仍达不到产品要求的净度，需要人工手拣辅助。

（1）拣剔的目的　拣梗是经筛分、风选后，去掉与正茶相近的杂物如茶梗、茶筋、茶子等杂物，提高净度。

（2）机具及其作用　以机器拣梗为主，人工拣梗为辅。常用的机械有阶梯式拣梗机、静电拣梗机；人工拣梗一般在名优茶加工中使用。

（3）技术要点　拣剔是精制中的薄弱环节，花工多，效率低，成本高。

①充分发挥拣梗机的拣剔作用。

②充分发挥其他制茶机械的拣剔作用，撩筛取梗，抖筛抽筋和风选去杂等措施。

③集中拣梗与分散拣梗相结合。

（4）茶叶静电分选机制 茶叶静电分选系利用茶叶和茶梗的导电性能和介电性能不同，当它进入强的不均匀电场后，发生运动路径的差异而达到分选目的的一种方法。1958年前后，我国应用于茶叶分选。关于茶叶分选的机制，一般认为是由于茶坯在电场中极化带电程度上不同而得以分开。茶叶由于结构及内含物的差异，自由电子较少，所以受力较小而向负极这边偏离小些。如果在恰当的地方加入分离板，就能使茶梗和茶叶得以分开。

如图10-6所示，电阻率和介电系数不同的茶梗和茶叶从料斗（1）内成一薄层均匀进到迴转的正极圆柱体（2）上业随圆柱体转动进入和负极圆柱体（3）所形成的高压静电场中。由于茶梗和茶叶的内含物及结构上的差异，以致在上述高压静电场中所带来的静电感应和极化程度也会有所不同。又由于静电场中负极曲率小于正极，它的电场也因此强于正极，对外来物体的吸引力也会大些而使电荷量不同的茶梗和茶叶的运动轨迹有所差异。在分离板（4）引导下，使茶梗和茶叶分别落于（5）和（6）两个容器中。这是对静电选茶电力过程的简单描述。目前，用静电分选梗叶、毛筋的工作量就更大，约占精制总工作量的60%。因此，如何提高静电分选机的分选效率，就成为加快精制速度的关键。

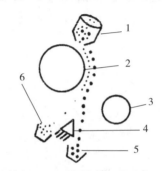

1—料斗 2—正极圆柱体 3—负极圆柱体
4—分离板 5、6—容器

**图10-6 电选原理示意**

（5）茶叶色选机 茶叶色选机是利用茶叶中茶梗、黄片与正品的颜色差异，使用高清晰的电荷耦合元件（CCD）光学传感器进行对茶叶进行精选的高科技光电机械设备。在目前茶叶精制加工中，有使用色选机替代传统拣梗设备和分级设备的趋势，省工、省时、效率高、加工成本低，能大幅度提高被选产品的质量与经济效益。缺点是价格较高，小型茶企业承担不起。

茶叶色选机（图10-7）的工作原理是茶叶从顶部的料斗进入机器，通过振

**图10-7 茶叶色选机**

动器装置的振动，被选物料沿通道下滑，加速下落进入分选室内的观察区，并从传感器和背景板间穿过。在光源的作用下，根据光的强弱及颜色变化，使系统产生输出信号驱动电磁阀工作吹出异色茶叶吹至接料斗的废料腔内，而好的茶叶继续下落至接料斗成品腔内，从而达到选别的目的。

（三）实训准备

有条件的学校可以在校企实训基地精制加工车间进行，或者在相应加工精制厂进行参观了解。

（1）茶叶静电拣剔机（图10-8）1台。

（2）付制好的筛号茶若干。

图10-8　茶叶静电拣梗机

（四）实训步骤

（1）对茶叶静电拣剔机进行安全检查，启动预热。

（2）启动茶叶静电拣剔机，投入付制好的筛号茶进行静电拣梗操作。

（3）调节茶叶静电拣剔机的不同挡位，观察拣梗效果并记录。

（4）茶叶拣剔也可以采用手工拣剔方式进行实训，将拣剔出的茶梗、茶籽等称量，计算其净度比例。

（五）注意事项

（1）茶叶静电拣梗机打开电源前要进行漏电检查，强调用电安全。

（2）工作环境有较大粉尘，注意戴口罩进行防护。

（3）静电拣梗机最怕湿气和灰尘，如果湿气过大，灰尘过多，不但大大降低拣梗效果，而且容易发生故障。因此，要保持机器的干燥清洁是很重要的。特别是高压静电发生器和电源部分，滚轮的表面吸收的"毛衣"要及时清理，电（炭）刷接触要良好，经常用酒精擦拭，不能出现"打火"现象。

## （六）结果与讨论

（1）观察静电拣梗机不同挡位处理后的茶叶净度，填入表10-6，讨论拣剔对茶叶品质提升的影响在哪些方面。

表10-6　不同拣梗技术茶叶净度表

| 拣梗技术处理 | 茶叶净度 |
| --- | --- |
| 1. | |
| 2. | |
| 3. | |

（2）讨论茶叶静电拣梗机的使用效率与哪些技术相关。

> 思考题
>
> 拣剔对茶叶精制加工的意义是什么？

# 实训四十　茶叶精制工艺

## （一）实训目的

通过实训，了解茶叶精制工艺设计的原理，掌握基本的茶叶（眉茶）精制工艺流程和操作技能。

## （二）相关知识

精制工艺主要目的是通过风选、筛分等工序，达到整理外形、划分品级、提高净度、调制品质、提高香味、充分发挥原料经济价值的目的。精制加工一般采用单级付制、多级收回方法。如眉茶精制可分为五路进行加工，即本身路、圆身路、长身路、轻身路、筋梗路；红碎茶精制可分三路进行，即碎茶路、头子路、片茶路。

（1）本身路 为眉茶精制工艺流程之一。毛茶经复火滚条、初步筛分后，能通过特定筛孔的茶叶通常条索紧结、苗锋好、香味纯正、叶底较完整，符合成品茶的质量要求，这种茶称为"本身茶"，本身茶的精制工艺流程即为"本身路"。一般工艺流程为：

$\boxed{毛茶复火} \to \boxed{滚条} \to \boxed{筛分} \to \boxed{毛撩} \to \boxed{前紧门} \to \boxed{复撩} \to \boxed{机拣} \to \boxed{风选} \to$ $\boxed{手拣} \to \boxed{补火} \to \boxed{车色} \to \boxed{后紧门} \to \boxed{净撩} \to \boxed{清风} \to \boxed{入库待拼}$

（2）长身路 为眉茶精制工艺流程之一。在精制中筛分出来的长形茶头，尤其是撩筛筛面茶形长、体大，称为"长身路"，长身茶的精制工艺流程称为"长身路"，一般是将长身茶切分（使用切茶机）后，再经分筛、拣梗等工序。

（3）圆身路 为眉茶精制工艺流程之一。在精制中筛分出来的毛茶头，尤其是抖筛筛面茶多为圆形，称为"圆身路"，圆身茶的精制工艺流程即为"圆身路"通常是将圆身茶先切分，后经分筛、拣梗、风选等工序。

（4）轻身路 为眉茶精制工艺流程之一。精制中风选出来的身骨较轻的茶叶称为"轻身茶"，轻身茶的精制流程即为"轻身路"。

（5）筋梗路 为眉茶精制工艺流程之一。眉茶精制中拣剔出来的筋梗等称为"筋梗茶"，筋梗茶来源广、数量少、净度差、加工难、潜力大，应采取精工细作。筋梗茶的精制流程称为"筋梗路"，通常将筋梗茶先切分，再经分筛、拣梗、风选、车色等工序。

近年来贵州成为全国最大的茶叶种植基地，茶叶产量很高，仅靠名优茶生产市场饱和度太高，产品的一个重要方向就是调整为大宗外贸出口茶，而茶叶精制加工厂建设、茶叶精制加工技术标准规范的建立、茶叶精制加工人才培养都是重要的前提条件。全省都在加快精制茶厂的建设，扩大精制加工生产能力。例如，贵阳首个精制茶厂在贵阳市开阳县南贡河富硒茶叶有限公司试产成功，该茶厂年产5000t出口大宗茶，填补了贵阳精制茶生产的空白。2017年，贵阳综合保税区茗茶出口基地由茗之天下茶叶有限公司投资兴建，建成标准化厂房16000m²，其中，精制出口茶拼配生产车间8000m²，原材料及产品仓库8000m²，拥有投产6万t精制茶拼配生产线，出口精制茶拼配加工、运输设备等124台（套）。产品精制拼配茶叶起运到广州后通过海路出口非洲，是贵州省茶叶出口贸易的重大突破，也是国家"一带一路"倡议的重要组成部分。2019年10月17日，在贵州省铜仁市思南经济开发区，英国太古集团有限公司的全资附属公司詹姆斯芬利（贵州）茶业有限公司制茶加工厂正式开业投产。该厂的总投资为人民币1.2亿元，占地23535m²（35.3亩），主要加工生产各种精制茶叶，预计2023年将实现年产2万t干净茶的目标，产品销往海外。

（三）实训准备

选择一家校企合作实训企业或者精制企业车间进行参观了解，重点观察记录精制程序中的各个工序安排是否科学合理。

（1）茶叶精制生产线（图10-9）1条。

（2）付制毛茶若干。

图10-9　茶叶精制生产线场景

（四）实训步骤

（1）参观当地茶叶精制生产厂。

（2）了解茶叶精制生产工艺流程（眉茶加工、珠茶加工等）。

（3）记录生产工艺各环节的技术指标。

（五）注意事项

（1）遵守参观企业的规章制度，服从参观安排。

（2）在生产车间收集资料时，注意做好安全保护。

## （六）结果与讨论

（1）对生产企业的精制产品进行了解分析，搜集整理相应资料，填入表10-7。

表10-7　精制产品品质特征表

| 产品 | 精制工艺 | 外形 | 内质 | | | |
|---|---|---|---|---|---|---|
| | | | 香气 | 汤色 | 滋味 | 叶底 |
| | | | | | | |
| | | | | | | |
| | | | | | | |
| | | | | | | |

（2）讨论参观的茶叶精制车间生产工艺流程的科学性，提出改进建议。

### 思考题

1. 如何科学设计茶叶精制工艺，以有效提升茶叶的品质和价值？
2. 贵州精制产品的优势如何？

# 参考文献

［1］陈宗懋. 中国茶叶大辞典［M］. 北京：中国轻工业出版社，2000.

［2］成洲. 茶叶加工技术［M］. 北京：中国轻工业出版社，2015.

［3］黄意欢. 茶学实验技术［M］. 北京：中国农业出版社，1995.

［4］梁月荣. 现代茶叶全书［M］. 北京：中国农业出版社，2011.

［5］骆耀平. 茶树栽培学［M］. 5版. 北京：中国农业出版社，2015.

［6］施兆鹏. 茶叶加工学［M］. 北京：中国农业出版社，1997.

［7］夏涛. 制茶学［M］. 3版. 北京：中国农业出版社，2016.